INTERACT ARCHITEC

인터랙티브 공간

적응하는 세계 ADAPTIVE WORLD

Michael Fox, Editor / 남수현

Spacetime Pub.

TIVE

CTURE

인터랙티브 공간
초판 1쇄 2016년 12월 12일

저자 : Michael Fox
역자 : 남수현
발행인 : 김기현
발행처 : 시공문화사(Spacetime)
출판등록: 1993년 3월 12일
주소: 서울시 서대문구 독립문공원길 13 (03733) 극동프라자 5층
전화: 02) 3147-1212
팩스: 02) 3147-2626

http://www.spacetime.co.kr / mail: spacetime@korea.com

ISBN: 978-89-5592-367-4
정가: 15,000원

CONTENTS

소개의 글

이 책에 수록된 작업들을 살펴 보며, 지난 5년간 인터랙티브 건축 분야가 얼마나 많은 발전을 이루었는지를 생각하면 감개가 무량하다. 5년전 마일스 캠프Miles Kemp와 마이클 폭스가 함께 공저한 책인 『인터랙티브 건축』은 이 분야 최초의 저서였다. 그 책에서는 방대하고 가능성 있는promising 실험적 건축프로젝트protoarchitectural project를 주로 다룬 데 반해, 이 책에서는 영구적이거나 반영구적인 프로젝트들installation이 소개되어 이 분야가 이전보다 더 성숙되고, 진화 되었음을 알 수 있다.

여기에 소개된 작업들은, 급변하는 기술의 발전의 시대에 건축이 어떻게 실무의 경계를 넓혀 예술과 과학의 용광로melting pot로서 자신의 역할을 재정립할 수 있는지를 보여준다. 내가 몸 담고 있는 인터랙티브 건축연구소Interactive Architecture Lab에서는 감각센서와 반응기술이 어떻게 다른 영역 사이를 연결할 지에 대해서 연구하고 있는데, 여기에는 로봇공학robotics와 공연예술performing arts, 착용컴퓨터wearable computer와 지각과학perceptual sciences, 생물학과 시각예술 그리고 인공지능과 디지털 제작(생산)digital fabrication 등이 포함된다.[1] 이런 연구들은 무인운전, 자율적인 드론, 미래산업의 동력인 로봇공학과 만나 앞으로의 구축환경built environment은 폭발적으로 변화할 것이다.

이런 기술이 우리의 디자인 도구의 일부가 되면, 공간, 형태 그리고 표면에 대한 일반적인 미학적 고려는 행동behavior의 미학까지도 포함하게 될 것이다. 능동적active이고, 반응responsive하고 움직일 수 있는 kinetic 키네틱 장치를 통해 구축 환경의 요소material들은 '에니메이트'라는 단어의 의미처럼 살아서 움직이기 animate 시작한다. 자율성이 있는imbue 건축, 생명체처럼 느껴지게 될 건축은 지금까지의 디자인 규범discipline을 넘어 기술의 지각적, 감정적 그리고 사회적인 영향effect에 대한 깊은 이해를 촉구하고 있다.

우리는 이런 이해의 단서를 고대로부터 이어져 내려온 인형극puppetry에서 제공 받는다. (인형극의 역사는 고대로부터 이어져 내려온 오랜 역사에 비해, 역사적으로 기록의 흔적은 남아 있지 않다.) 숙련된 인형 조종가puppeteer는 작은 움직임을 통해 관람자의 감성을 자극하는 방법을 알고 있다.[2] 막대기와 줄을 미세하고 리듬감 있게 움직여, 인형은 생명이 불어넣어져 살아있는 듯 행동한다. 움직임의 가감, 지속, 빠름과 느림을 통해 감정의 상태가 표현된다. 미세한 리듬의 변화로 등장인물의 성격 차이를 보여주며, 이를 통해 이야기의 인과 관계를 암시하고 표현해 낸다. 한숨을 쉬는 작은 동작 하나로도 스릴 넘치고, 복잡하고 도전적인 심미적 기회들이 만들어 진다. 이런 제스처gesture의 종류가 늘어날수록 물체, 혹은 건축에 생명력과 성격을 부여할 수 있는 가능성은 끝없이 늘어날 것이다.

아리스토텔레스는 그의 운동이론theories of motion에서, 살아있는 생명체의 유일한 특성으로 움직임을 꼽았는데, 이렇듯 초기 인류인류학부터 인지심리학까지, 자연과학이나 사회과학에서 운동을 생명과 연결시키는 것은 보편적인 특징이었다. 현대 의학계에서 사용되는 화상(畵像) 기술을 통해 이런 생각은 신경학적으로도 근거roots가 있다는 것을 확인하게 되었다. 바로 사회적인 부분을 맡는 인간 두뇌의 구성방식architecture 자체가 그러하다는 것이다. 인간의 두뇌는 동물이든 물체든, 혹은 자연현상까지도 의인화anthropomorphize하려는 경향이 있으며 이들을 이해하려는 노력으로 자신의 인격을 투사하려고 한다.

따라서 건축과 로봇공학이 맞닥뜨려 새로운 상호작용의 방식이나 공간적인 방식이 생겨나게 되고, 이로 인해 인간의 사회적인 관계를 결정하는 두뇌과정 cerebral process은 끊임없이irresistibly 자극되고 있다. 결국 무생물inanimate matter과 감정care 및 교감consideration을 나누는, 낯설고 익숙하지 않은uncanny 구축환경의 등장할 것이라고 예측된다. 심지어 자신의 의지에 따라 행동하고, 혼나고 칭찬받는 인간화된 건축을 만날지도 모른다. 저명한 로봇 공학자이며 철학가인 로드니 브룩스Rodney Brooks는 "사람들이 Cog X (자신이 개발한 로봇)의 전원을 끄는 것이 (생명을 끄는 듯 하여) 미안할 정도가 되면, 우리의 작업은 어느 정도 성공했다고 볼 수 있을 것이다."[3] 라고 언급했다. 공학의 발전에 따른 이런 초현실적인 상황의 심리적, 사회적인 효과들을 완벽히 예상되기는 불가능하지만, 분명한 것은 이러한 현실의 새로운 미학aesthetic을 이해를 위해 뒷받침되는 개념이나 기술이 아직 미흡하다는 사실이다.

하지만 이런 불확성실이 더욱 흥미로운 인터랙티브 건축의 가능성을 탐구하도록 만든다. 기계에 대한 이런 관점은 현대에 와서 이슈화된 혁신적 사안이 아니었다. 로마시대 건축가인 비트루비우스는 이미 그의 저서 중 한 권 전체를 기계에 대하여 서술하였고, 그리스 신화에는 크노소스에 미로를 만든 건축가 다에달루스가 만든 움직이는 정교하고 웅장한 조각 이야기가 나온다. 르네상스 시대에는 자동인형automatons이 왕실의 코트중정이나 도시 광장의 중심장식centerpieces으로 등장하였고, 플로렌스의 프란치키 형제가 만든 생 제르맹 앙레Saint-Germain-en-Laye 수력 조각들과 자신의 형상을 딴 자동 인형을 만들게 한 데카르트에 대한 일화도 유명하다. 이는 단순히 톱니바퀴나 레버를 움직이는 문제가 아니라 몸 육체-기계와 정신-영혼과의 관계를 이해하기 위한 오래된 노력의 일환으로 이어져 왔으며, 이는 서양철학의 근본에 대한 질문이었다.

기계나 로봇, 사이보그, 혹은 건축 등을 생명력 있게 만들려는 노력의 근원에는, 인간과의 연결을 위한 인간적인 무엇이 존재한다. 물체inanimate object에서 생명을 찾으려는 인간적인 마음과 또 한편으론 신의 경지에 닿고 싶어하는 욕망이 그것이다.[4] 마술magic이라는 단어와 기계machine이라는 단어는 magh라는 같은 어원에서 파생된 것으로 "능력이 있는to be able"과 "힘이 있는to have power"이라는 의미를 공유한다. 우리에게는 다른 생물을 이해하고 이들을 따라하고 싶은 욕망compulsion이 있다. 예술 또한, 세계를 해석하고 이해하려는 심오한 의도와 인간의 필요에 의해서 만들어졌다 할 수 있을 것이다.

이제 우리는 이런 연구와 탐색search을 코드code, 전자기기, 네트워크, 기계학, 재료 그리고 새로운 제작 방식method of fabrication을 통해 계속해서 이어가 보려 한다. 디자이너와 공학자, 제작자와 철학자 사이의 구분이 사라지면서 건축은 급진적인 전문분야의 집대성multidisciplinary이 되거나, 혹은 전문분야를 해체하는 최전선에 서게 될 것이다. 이 기회를 통해 건축가들은 단순히 우리의 주거, 일터, 공공 공간의 미래에 대한 질문뿐만이 아니라 인간, 혹은 우리의 사회적 특성social nature은 무엇인지, 기술의 중재를 통해 공동체의 미래는 어떻게 펼쳐질지, 그리고 우리 주위의 무생물inanimate과 생물animate의 관계는 어떻게 형성될지에 대한 질문을 던질 수 있을 것이다.

루아이리 글린Ruairi Glynn, 2016

서문:
연결된 세상의 촉매 역할을 하는 디자인

디지털 세계와 물리적 세계의 경계가 희미해 지고 있음을 경험하면서, 우리의 삶에 능동적으로 관여하는 건축에 대한 시각이 성숙되고 있음을 느낀다. 『인터랙티브 건축』이 출간되고 몇 년이 지나지 않아, 몇몇의 프로젝트는 실험적 건축전시의 수준을 넘어서는 거대한 스케일로 완성되고 있으며, 이를 통해 재료의 성능performance, 연결성connectivity 그리고 제어control는 우리의 생각의 한계를 넘어서고 있다. 건축적인 환경은 이제 기술적인 발전과 밀접하게 연결되어 있어 이 둘은 이제 서로 궁극적으로 동시에 반응respond하고 서로를 새롭게 규정define하고 있다. 유비쿼터스 컴퓨팅은 우리의 삶의 분리할 수 없는 발판이 되었으며 우리의 기기, 물체뿐만 아니라 우리의 건물과 주변환경에까지 스며들고 있다. 디지털적인 경향뿐만 아니라 우리의 물리적 세계 또한 경계 없이seamlessly 네트워크화되고 연결돼있어 건축적 환경은 우리의 삶과 밀접한 관계를 맺게 되었다. 빌 게이츠는 21세기의 첫 십 년이 지나면 디지털과 관계없는 것은 하나도 남아있지 않을 것이라고 예견했었다.[1] 상호작용interaction 디자이너 베나즈 파라히 보우잔자니Behnaz Farahi Bouzanjani는 20년이 지나고 나면 이런 현상은 생활의 구석구석까지 스며들어pervasive 컴퓨터가 관여되었다는 사실까지도 인지 못할 것이라고 예견한다.[2] 이 책의 주제는 건축디자인이 디지털과 어떻게 일체화되고 서로 교섭negotiate하는지를 탐구하는 것이다. 현재의 문맥에서 보면 이 과정은 결국 상호작용하여 발전되고 있는 혁신reciprocal innovation이라고 볼 수 있다. 이 책은 빠르게 진화되고 있는 상황landscape of projects과 과거에 예상된 일들이 실제로 실현되는 트랜드trend를 전망한다. 인터랙티브한 건축적 환경은 일체화된embedded 컴퓨터와 상호작용이 가능한 체계framework안에서 적응이 가능한 물리적 요소counterpart가 합쳐지converge 상태를 뜻한다. 따라서 이 정의에 의해 인터랙티브 건축은 반응하고, 적응하고, 변화하여 살아있는 듯이 디자인된 건물이나 환경을 모두 포함한다.

현재의 젊은 디자이너들은 그들이 상상한 모든 것을 만들 수 있는 시대와 조우했다. 오늘날의 센서들은 복잡한 제스처에서부터 이산화탄소의 방출양, 미리 색깔까지도 구별해낸다. 이런 센서감지에 더해서 상호연결interconnected된 디지털 분야를 통해 얻어진 데이터 세트—인터넷 사용에서부터 교통패턴 그리고 군중행동crowd behavior까지—는 인터랙티브한 건물이나 환경의 동인driver으로 작용할 수 있다. 이제는 건축학 수업에서 로봇 프로토타입에 대한 수업courses이 일상화 되었는데, 이는 도시사회적인 이슈나 실용적인 친환경 등의 문맥과 연결된다. 또한 이런 기술들의 급진적인 발전으로 인해, 중요한 것은 로봇공학과 인터랙티브 분야가 이제 기술적으로나 경제적으로나 적용하기 매우 용이해졌다는 사실이다. 필요한 기술은 훨씬 단순해져서 컴퓨터 과학에 전문가가 아닌 디자이너들도 자신의 아이디어를 손쉽게 만들어prototype 해볼 수 있으며 이런 결과물은 건축가들의 의도를 더 쉽게 소통할 수 있게 해준다. 건축가와 디자이너들은 단순히 전시 스케일의 프로젝트를 실험하는 것이 아니라 실제 분야에 적용할 수 있는 기본적 능력이 생겼다. 이는 마치 건축가들이 학교에서 구조공학에 대해서 학습하고 건축사 자격증 시험에서도 구조시험을 치르지만, 자신들이 계획하는 건물의 구체적인 구조를 일일이 계산지 않아도 되는 것과 유사하다. 실제로는 자세한 계산은 구조 전문가에 의해서 되듯이 말이다.

이 분야는 창의적인 아이디어로 가득하며 이 책에서 소개하는 실제 제작된 프로토타입과 건축프로젝트는 이를 예시로 보여주고 있다. 실제적 필요에 의해 만들어진 새로운 상황과 아이디어들은 다시 이 분야의 사고를 더욱 진보하게 할 것이다. 하지만 우리는 이 분야의 시초가 30년 전부터 준비되어 왔다는 것을 잊어서는 안 된다.

과거 따라잡기catching up with the past

1960년대 초 인공두뇌학cybernetics 분야 몇몇 인재들의 이론적 작업이 이 책에 소개된 프로젝트의 토대를 형성했다고 할 수 있다. 당시 고든 파스크Gordon Pask, 노버트 위너Norbert Wiener와 다른 인공 두뇌학자들이

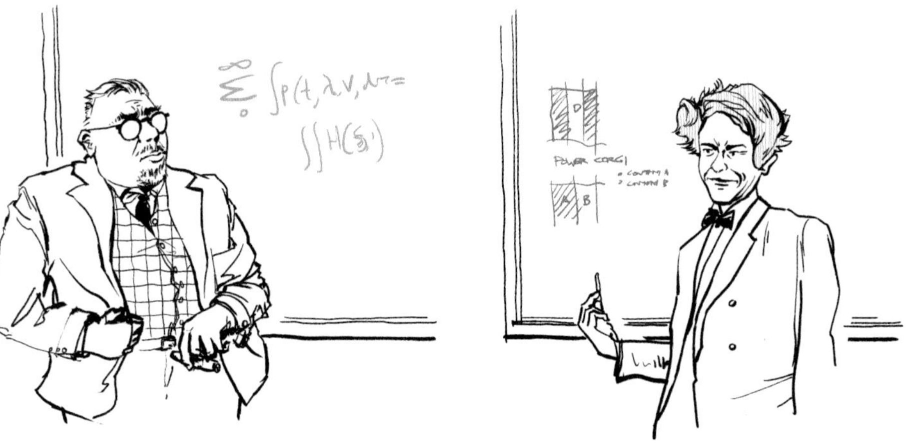

저자가 그린
두뇌과학자 노버트
위너와 고든
파스크의 캐리케처.

인터랙티브 건축의 범위field를 정의하고 이해할 수 있는 이론을 정립하였다. 특히 파스크의 대화이론은 인터랙티브 건축의 발전의 기초가 되었는데, 건축가들이 공간과 사용자를 완벽한 피드백 시스템으로 이해할 수 있게 하는 모델을 제공하였다.[3] 인공두뇌학의 이론은 60년대말에도 계속 발전을 하여 70년대 초에는 파스크와 위너의 초기 아이디어들을 더 확장시키는데 워런 브로디Warren Brody, 니콜라스 네그로폰테Nicholas Negroponte, 찰스 이스트만Charles Eastman, 앤드류 라베넥Andrew Rabeneck 등의 인물들이 공헌하였다.

이런 초기체계early philosophies는 몇몇 건축가들에 의해 승계pick-up되어 건축분야로 공고히solidly 옮겨졌다. 하지만 당시에는 실제 지어지지는 않는 페이퍼 건축paper architecture으로 존재할 수 밖에 없었다. 두뇌과학의 초기 이론을 적용adopt한 초기 건축가들 중에 가장 영향력이 있던 이는 세드릭 프라이스Cedric Price는 이를 예측하는 건축anticipatory architecture 이라는 개념으로 확장시켰다. 존 프레이저John Frazer는 프라이스의 개념을 확대해 건축은 "살아있고 진화하는 존재"여야 한다고 선언한다.[4] 하지만 중요한 것은 건축가들이 이런 개념을 발전시키고 있는 동안, 컴퓨터 과학분야의 디지털 컴퓨터와 인간 상호 행동인식human interaction 영역도 함께 발전하고 있었다는 것이다. 이 영역의 발전에서 지적환경intelligent environment (IE)같은 분야가 형성되어 집적컴퓨터와 소통기술이 집약된 공간에 대한 연구가 진행되었고 그리하여 물리적인 세계로 컴퓨터가 연결된 공간의 가능성이 대두되었다. 지적환경은 일상적인 활동의 편의성을 증대시키기 위해 컴퓨터가 표시안나게seamless 사용되는 공간을 지칭한다.[5] 센서 인지와 인간행동을 예상하기 위한 많은 기술적 발전이 있었지만, 그 주 목적은 표시 나지 않는 일체화된 컴퓨터 "seamlessly embedded computation" 이었기 때문에 건축과의 관계는 항상 부차적이었다. 다시 말해서 컴퓨터를 통한 환경개선 분야와 건축과의 관련은 매우 미비했다. 반면 기업들의 상업적인 이익을 얻기 위해 실제 사용자들이 사용할 수 있는 시장주도형 제품과 시스템의 발전이 이루어졌으며 이는 컴퓨터를 통한 환경개선에 가장 큰 역할을 하였다. 1990 년대에는 "스마트 홈"과 "스마트 오피스" 등이 새로운 기술들을 적용하려는 시도가 생겼다. 처음으로 무선네트워크, 일체회로embedded computation 그리고 센서 작동체sensor effectors 등이 상업적으로나 기술적으로나 가능한 상황이 되었다. 이런 가능성은 위에서 언급된 선구적 건축가와 이론가들이 기술적, 재정적 한계로

할 수 없었던 아이디어들을 실험할 수 있게 해주었다. 건축가들은 이제 일상화된affordable 컴퓨터 하드웨어에 컴퓨터 지성을 통합하는 시대에 살고 있다.

연결된 세상connected world

이처럼 기술적, 경제적으로 인터랙티브 환경이 설립 가능한 디지털 시대는 건축에서 인터랙티브 디자인의 폭발적 성장을 일으켰다. 사물 인터넷IoT(Internet of Things)은 인터랙티브 디자인의 기술적인 방향context를 명확하게 하여 그래픽에서 물체, 건물에서 도시까지의 모든 것을 포함하는 시스템을 상상할 수 있게 만들었다. 건축적으로 비유하자면, 이론적 토대의 구조는 인터넷의 연결된 세상에서부터 모바일 그리고 공간 인터페이스를 모두 포함하며, 이는 지금도 진화하고 있다. 연결된 건축 세계에 관한 이론은 모바일 기기나 웹-인터페이스가 등장해 우리의 삶을 통째로 바꾸는 인터랙티브 디자인 분야가 생기기 이전부터 존재하여 왔다.

1 세대의 연결은 인간 대 인간의 소통에 집중을 하였지만, 현재의 초점은 사물과 기기 사이의 연결에 있으며 이는 자연스럽게 건물, 도시, 그리고 전세계적인 환경으로 확장되고 있다. 현재 1조개가 넘는 웹사이트가 있고 5조개의 모바일 전화기가 있으며, 스마트 기기의 수는 약 50조개 가량이 된다.[6] 사물인터넷은 이런 기기들을 의미 있게 연결하여야 하는 목표가 있다.[7] 이런 영리한intelligent 기기들은 우리의 삶 곳곳에 활용되고 있으며 많은 기기들은 이미 유연하게 우리의 건축에 일체화되어 있어 주방기기부터 HVAC (난방 환기 공기 조절 heating, ventilation and air conditioning) 시스템, 또 홈엔터테인먼트 시스템까지 확장되고 있다. 그러나 현재까지 이런 기기들은 연결체계가 느슨하여 weakly 그 사용률이 높지는 않다. 현재 인터넷은 수백 가지의 명령어protocol를 지원하고 있으며, 그 수는 곧 기하급수적으로 늘어날 것이다. 세계가 어떤 명령어 플랫폼protocol platform을 사용해야 할지 고민하는 동안, 서로 자신의 플랫폼을 표준화 하기 위해 엄청난 투자를 하고 있으며, 이는 "프로토콜 전쟁"protocol wars라고 부를 만하다.

이 게임 속 경쟁자의 수는 많으며 사물인터넷은 상당량의 프로토콜이 필요하기도 하다. 현재 앞서있는 프로토콜은 CoAP, MQTT 그리고 XMPP이다. 이들의 중요한 차이는 어플리케이션의 구분distinction과 사용의 등급class이다. 기기들은 서로 소통하여야 하며 (D2D), 이후 기기의 데이터는 수집되어 서버 인프라server infrastructure로 보내져야 한다 (D2S). 서버는 다시 다른 서버와 데이터를 공유해야 하고 (S2S), 이후 원래의 기기, 혹은 분석 프로그램, 아니면 사람에게 다시 제공해야 한다.[8] 결국 연결된 사물들은 같이 작동하기 위해 인프라infrastructure가 필요하다. 이 인프라가 되고 싶은 후보들로 몇몇 회사가 있다. 이들의 방식은 클라우드에 바탕을 둔 소프트웨어cloud-based software부터 (자판기 재고 파악이라든지 엔진 정비 등의 선례가 있다) 초단파 전송까지 다양하다. 아마도 우리가 잘 알고 있는 기업들이 독점하게prevail 될 것이다. 애플이나 마이크로소프트, 혹은 구글이 유사한 문제에 대한 개별individual적인 해결책을 갖고 있는 작은 회사들을 흡수할 것이고, 그리고 나서 자신만의 강력하고 독점적인 플랫폼을 만들려고 할 것이다. 이런 대기업의 목적은 자신들이 가지고 있는 막강한 기존 시스템으로 다른 모든 것들을 끌어 들이는 것이다.

현재로서는 이런 일이 벌어지지 않게 하기 위해 표준화를 설립하는 것이 중요하다. 만약 독점이 벌어진다면 자신의 시스템 외에 다른 어떤 것도 허용하지 않는 재난 같은 상황이 발생할 수 있기 때문이다. 와이어드WIRED 매거진의 맷 호난Mat Honan은 말한다. "열린 표준화open standards를 통해 우리는 한 회사가 원하는 연결유형만을 써야 하고, 이를 쓰지 않으면 접근조차 못하는 독점적 상황을 막을 수 있다."[9]우리는 이미 이런 표준을 만든 선례가 있는데, 모든 모바일 기기들이 서로 소통을 하고 있는 블루투쓰 Bluetooth 무선 표준이 그것이다. 이는 공통된 표준화에 모든 회사들이 동의를 하여야 한다는 것이며, 풀어야 할 시급한 과제이다. 남부캘리포니아 대학(USC) 극장 예술 대학school of Cinematic Arts의 미디아 아트 + 실무 Interdivisional Media Arts + Practice (iMAP) 박사과정의 초기 학장인 스콧 피셔Scott Fisher는 말observe한다. "증가하는 유비쿼터스적이고 일체화embedded된 컴퓨터 기술은 우리가 구축환경과 어떻게 상호작용interact하는지에 대해 새로운 패러다임paradigm을 요구하고 있으며, 이런 생활화된pervasive 기기들은 물리적인 세계의 건물이나 사물과 소통하고 감지하는 방식의 새로운 가능성을 제공하고 있다. 이 기술들은 단순히 데이터를 모으거나 제공하는데 그치지 않고 우리 주위의 세계를 활성화 animate 시키고 집합적으로 증강collectively augment할 수 있는 방식way을 제공하고 있다."[10] 사물이나, 환경 혹은 건물과 상호작용을 하고 있는 사람과의 관계에서 끝나지 않고, 이제는 더 연결된 기기, 환경 그리고 건물들이 자율적으로 서로 상호작용할 수 있는 거대한 에코시스템ecosystem이 가능해 졌다. iMAP에서 하고 있는 많은 작업은 건물 자체가 주도적인 역할storytelling characters을 하는 인터랙티브한 건축환경을 구축하는데 역량을 쏟는 결과이기도 하다. 디자인 연구학자인 젠 쉬타인Jen Stein이 말하듯, "건물 및 다른 사람들과 동시에 관여를 할 수 있게 유도함으로써, 우리는 활성화된animated 인터랙티브한 환경을 만들 수 있는 새로운 패러다임을 내놓게introduce 되었다."[11]

인터랙티브한 건축 연구 배경이 있는 우스만 하크usman Haque는 파추배Pachube라는 연결을 위한 계측가능한scalable 플랫폼을 개발하고 있는데, 이 플랫폼은 센서 데이터와 시각화를 연동connect시키는 역할을 한다. 확장된 환경 생성 언어Extended Environmental Markup Language를 통해 플랫폼은 실시간으로 확인되는 지각sensory 및 환경 데이터들을 공유share할 수 있는 웹 기반 및 모바일 앱을 처리handle한다. 파추베는 COSM 회사에 흡수되었고 이는 다시 Xively (LogMeIn)에 합병되었는데, 이 회사는 열린 디지털 에코시스템을 지향하여 전기 미터, 기상관측소, 건물관리 시스템, 공기질 관측소air-quality stations, 바이오센서 등 25억개의 기기들을 연결하고 있다.

건축 적용기기 분야applications는 같은 문맥connected context에서 반복적iterative이다. 센서와 로봇 장치들은 디자이너들이 구입할 수 있는 저렴한 가격대이고, 용이하며, 이런 장치들은 쉽게 연결 가능하다. 인터랙티브한 건축을 디자인한다는 것은 새로운 발명이라기 보다는 어떤 기술들이 존재하는지 이해하고 건축적인 시각으로 재해석해 조건에 맞게 개발하는 것이다. 이런 면에서는 건물, 도시 그리고 연결된 에코시스템의 디자이너들은 실감형tangible 상호작용의 급격한 발전에서 많은 것을 배우고 있으며, 이 중 특히 실제 세계와 컴퓨터를 연결하기 위한 인터페이스의 대안적 시각alternate vision에서 많은 차용을 하고 있다. 실감형tangible 사용자 인터페이스는 그래픽 디스플레이의 대안으로 고려envision되었는데, 우리가 일반적으로 기기들을 사용하는 다양한 방식을 디지털 문맥content에서도 느낄 수 있게 하려는 것이 목표이다.[12] 대비적으로in contrast, 산업디자인 분야에서는 가전제품들에 전자부분과 디지털 부품component이 많아져 "똑똑"해지면서, 필요에 의해 실감적 상호작용 interaction을 고민하였다.[13] 넓은 의미로, 실감형 상호작용 tangible interaction은 감각적인 매력과 인터페이스의 구체성materiality, 데이터의 물리적인 표현physical embodiment, 온몸으로 경험하는 상호작용, 인터페이스의 일체화 그리고 실제적인 공간 안에서 이루어지는 사용자 인터페이스와 상호작용을 포함한다.

실감형 상호작용은 상당히 통섭interdisciplinary적 분야이다. 여기에는 인간-컴퓨터 상호작용 human-computer interaction (HCI)과 상호작용 디자인 등이 포함되지만, 물리적으로 일체화된 인터페이스나 시스템에 더 특성화되어 있다. 실감형 상호작용은 상품과 산업디자인, 예술 그리고 건축과 연관되어 있다. 어떤 의미에서 인터랙티브 건축은 환경, 물리적인 장치, 상품 그리고 산업 디자인이 포함된 영역umbrella에 포함되어 있으며, 다만 물리적인 스케일이 더 크다고 생각할 수 있다.

실감형tangible 상호작용은 일반적으로 물체나 기기의 인터페이스를 다루지만 연결되어 생기는 가능성connected capabilities은 건축의 스케일뿐만 아니라 도시, 혹은 더 큰 환경에 적용할 수 있다는 점에서도 많은 가능성을 주고 있다. 이런 방향의 선구자는 카를로 라티Carlo Ratti가 이끌고 있는(그 또한 건축을 전공하였다) MIT 대학원 SENSEable City lab이다. 이 연구소는 센서, 핸드폰 그리고 다른 유비쿼더스적인 기술이 만들어 내는 실시간 데이터가 실제 도시에 어떻게 관여하고 있는지 연구하고, 그리고 결국 도시의 상황landscape이 이 새로운 기술에 의해 어떻게 바뀔 지에 대해서 연구하고 있다. 라티는 도시계획은 더 이상 도시 자체만을 바라 봐서는 안되며, 실재와 디지털의 조합으로 이해하여야 한다고 주장한다. "흥미로운 사실은 이제 기계, 컴퓨터가 도시 자체가 된다는 것이다. 도시는 정보를 획득하고, 다른 사람을 만나고 데이터와 원자atom가 만나는 등 모든 일을 할 수 있는 인터페이스로 변화 되고 있다. 따라서 사람, 공간 그리고 기술이 만나는 흥미로운exciting 공식이 도시이다."[14]

더해서 오마 칸Omar Kahn, 트레보 숄츠Trebor Scholz 그리고 마크 세파드Mark Shepard가 설립한 the Situated Technologies initiative는 심포지엄, 공모전 그리고 출판물을 통해 이 분야에 큰 영향을 주고 있다. 컴퓨터 공학이 아닌 건축에서 출발한 이 회사는 유비쿼터스 컴퓨터 시스템의 사회적인 영향social dimension에 대해 고민한다.

인터랙티브 건축이 얼마나 빨리 일상에 스며들지, 그리고 어떤 프로토콜이 우위를 차지할지 예상하기는 쉽지 않다. 하지만 이 책에 소개된 프로젝트들은 미래의 도시와 건축환경을 생각하는데 있어 표준과 프로토콜들이 피할 수 없는 중요한 부분이라는 것을 보여줄 것이다. 플랫폼은 이제 안정화 단계로 발전되고 있어ripe 우리 삶의 트렌드—이는 디지털 기술에 영향을 주고, 받는데—에 맞는 독특한unique한 어플리케이션을 만들 수 있는 단계가 되었다. 다음 장에서 소개되는 프로젝트들은 상호작용interaction의 미래를 보여줄 것이다. 프로젝트들은 이를 창조해낸 건축가와 디자이너들이 직접 선정한 이미지와 텍스트로 소개가 되며 우리가 건축을 생각하는데 필수불가분한 기술과 시공construction에 대한 혜안을 제공할 것이다. 지금까지의 건축 디자인이 스타일(양식)에 담론이 일상화되어 재현representation과 이미지에 대한 주제가 주된 이슈였다면, 이제는 과정processes와 행동behaviour로 관심이 옮겨지고 있는 것을 느끼게 될 것이다.[15] 이 새로운 디자인 분야를 디자이너들이 탐구하면서 특정한 분야의 영역Specific categorical areas이 점점 대두되고 있다. 따라서 프로젝트들은 제작기법이나 모양에 따른 분류가 아닌 기능하는 방식—생기 있게 하다exhilarate, 소통하다communicate, 중재하다mediate, 진화하다evolve, 촉진하다catalyze—에 따라 구분되었다.

마이클 폭스Michael Fox, 2016

생기 있게 하다

정의: 흥분하거나 즐겁게 만들기; 생동감 있게 하다enliven; 기운을 북돋다elate, 움직이다move

관계된 단어: 자극하다rouse, 호기심을 일게 하다incite, 고무시키다inspire, 유발하다provoke, 활발하게 하다stimulate; 넋을 홀리다bewitch, 매혹하다captivate, 마음을 사로잡다charm, 즐겁게 하다delight, 황홀하게 하다enchant, 마음을 사로잡다enthrall, 홀리다hypnotize, 넋을 빼다mesmerize, 관심을 사로잡다rivet, 마술을 걸다spellbind; 관심을 가지게 하다interest, 호기심을 일으키다intrigue, 감질나게 하다tantalize

Merriam-Webster 온라인에서 2015년 3월 25일"exhilarate" 찾아봄. http://www.merriam-webster.com/dictionary/exhilarate.

EXHILARATE

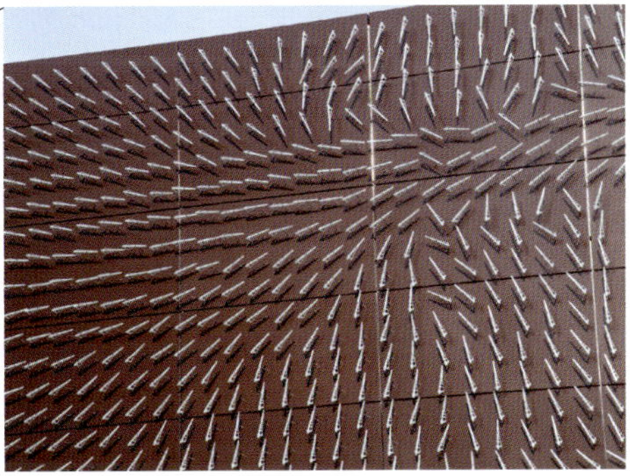

만약 환경이 우리의 열망에 따라 변한다면, 환경은 우리의 경험을 결정shape할 수 있는 능력이 생길 것이다. 이 장의 프로젝트들은 인터랙티브 건축의 감성적인 가능성들을 보여준다. 이런 감성을 일으키는 상호작용적인 작업의 선례는 여러 개 있는데, 사회적 참여를 가능하게 하는 재미있는pleasure 장치에서부터 교육적인 효과를 주는 것까지 종류가 다양하다. 공공적인 영역에서 조각, 분수 그리고 건축입면 등은 관객의 주목을 끌기 위해서 상호작용성을 중요한 요소로 도입하고 있다. 박물관 또한 전시물을 더 알맞게 이해하고 보여주기 위해서 상호호환성을 수용하고 있다. 공간적인 변화가 가능한 상호작용 interactivity은 변화하는 전시display의 한시적인 특성과 방문객과의 상호작용과 잘 맞을 수 있다.

교육적 목적이 있는 많은 어플리케이션은 오락적인 요소와 함께 운동감각이kinesthetic 포함된 교육learning을 포함한다. 이런 장치application는 두뇌뿐만 아니라 몸의 움직임을 포함한 복합적인 경험을 제공한다. 아이들은 오락적인 상호작용적 요소가 더해지면 즐거워하며 훨씬 더 빠르게 습득한다. 또한 네러티브narrative를 자신들이 제어할 수 있을 때 쉽게 집중engage한다. 이렇듯 상호작용적 오락이 점점 실생활을 파고들고 있지만, 그 첫 시작은 전자매체electronic media였음을 기억하자. 마셜 맥루한Marshall McLuhan은 전자매체에서 강조된 "세 가지 즐거움"을 얘기한다: 몰입immersion, 도취rapture 그리고 대리agency. 몰입은 "다른 현실로 옮겨진 듯한 느낌", 도취는 "그 다른 현실 속 물체에 대한 도취된 애착entranced attachment" 그리고 대리agency는 "전자세상에 자신이 영향을 끼칠 수 있다는 게임플레이어의 기쁨 delight"라고 정의한다. 엔터테인먼트의 분야에서 몰입되는engaging 환경 조성은 성공적이라고 할 수 있다. 이 장에서는 생기 있는exhilarate 작용을 하는 네 가지의 다른 작업들을 소개한다.

소개되는 모든 프로젝트는 물리적인 변화에 따른 시간과 변형의 비평적 관점을 제공한다. 윌리엄 주크 William Zuk와 로저 클라크Roger Clark는 뛰어난 저서 키네틱 건축kinetic architecture에서 "지금 우리의 목표는 경직된 건축을 좀 더 유연하고, 진동하고 변화할 수 있게 하여 다양하고 끊임없이 변동하는 삶의 양식의 밑바탕이 되게 하는 것이다. 확장하고, 수축하고, 진동하고 pulsating, 변화하는 건축은 현재의 삶을 투영하여 그 삶의 일부가 될 것이다."[1] 코스타스 테르지디스 Kostas Terzidis는 "변형deformation, 병렬juxtaposition, 중첩 superimposition, 부재absence, 어긋남disturbance 그리고 반복 repetition은 건축가들이 가상적인 움직임과 변동change를 표현하는 테크닉 중 몇 가지이다"[2]라고 설명한다. 기존 건물의 형태와 구조가 안정감, 꾸준함steadiness, 단단함 sturdiness 그리고 부동성immobility를 상징suggest한다면, 움직임movement을 포함하는 건축은 민첩함agility, 예측불가능성unpredictability 혹은 불확실성uncertainty를 보여줄 수 있으며 더 나아가서는 변화, 예측anticipation 그리고 생동감liveliness를 상징할 수 있다. 구축환경에 움직임을 접합integration하게 되면 건축의 미학aesthetics, 디자인 그리고 성능performance에 영향을 줄 것이며 이는 건축의 중대한 변화를 일으킬 것이다. "가상적 움직임의 미학적인 아름다움aesthetic value은 언제나 영감을 주지만, 건축이나 구조에 움직임을 실제로 적용 implementation한다면 건축이라는 정의자체는 바뀌게 될 것이다."[3] 이런 대응adaptation은 단순히 필요를 충족시키는 단순한 일이 아니다. 챙안 판Cheng-An Pan은 말한다. "인간의 필요와 욕구는 변해 항상 새로운 선택 option이 요구하며, 물리적인 움직임geographical movement, 개인적인 변덕personal whim, 동시에 변화하는 역할과 기능, 개인적인 정체성, 예산에 따른 변동가능성, 또한 건축 형태에 영향을 주는 다른 모든 요소들을 고려해야 한다."[4]

키네틱 건축의 영향implication은 건축의 성능 performance과 함께 미학적 현상aesthetic phenomenology에도 영향을 끼친다. 건축적인 스케일에서는 이 모두가 중요하다. 우르바나Urbana가 에스케나지 병원Eskenazi Hospital 주차장 입면에 설치한 *5월/9월May/September*라는 프로젝트에서 가장 중요한 목적은 도시 스케일에서 생동감 있는 효과exhilarating effect를 만드는 것이었다. 이 예술작업은 일반적인 주차장의 구조를 가려주는 가림막 screen으로 실용적인 기능을 하여 자동차, 콘크리트 보, 기둥 그리고 난간들을 보이지 않게 만든다. 또한 기능적으로 필요한 환기substantial ventilation는 개념 concept과 자연스럽게 어울려 작동work한다. 소음에 대한 데이터는 시각적인 스크린에 개념적인 영향뿐만 아니라 실제적인 이미지 변화에 영향을 준다. "소음은 보통 이미지나 소리 재생의 불필요한 부산물이라고 여겨지지만 이 경우에는 조건을 조절하는 변경요소 modifier가 된다. 사진에서 입자의 크기가 색조tonal의 느낌을 부여하듯이, 소음 또한 수학적인 데이터numeric data에 접합되어 음색을 부여할 수 있다." 이런 분야의 많은 프로젝트처럼, 이 프로젝트 또한 도시적인 현상을 조정해서 반영controlled translation하는 것을 볼 수 있다. *5월/9월* 프로젝트는 데이터, 혹은 소음을 감지하여 시각적 방식으로 변용translate하여 다른 패턴(감각)으로 인지될 수 있게 만들어 주고 있다.

변환translation은 네드 칸Ned Kahn과 찰스 소워스 Charles Sowers가 만든 두 개의 프로젝트에서도 가장 중요한 테마이다. 이들의 작업은 인지하지 못하거나 보이지 않는 현상을 드러내는 것으로, 단순히 드러내는 것이 아니라 생동감을 부여한다. 작업이 중요한 의미를 가지게 되는 것은 이들이 단순히 인지하는 것을 드러내는 수준이 아니라 우리가 우리의 감각으로는 인지 못할 만한 현상을 드러내기 때문이다. 어떤 경우에는 단순히 현상을 증폭하는 것으로 충분하기도 하고, 때로는 다양한 자극에 작동되는 수동적인 장치 passive agent 설치가 필요하기도 하다. 소개되는 작업project의 많은 장치들이 데이터data set를 감지하여 참여자에게 보내는 방식이다. 이 작업의 의도는 기존의existing 복잡한 패턴을 인지하고, 이를 재해석reinterpret하여 이해할 수 있는 매체medium로 바꾸는 것이다.

디자이너들은 무엇이든 인지하고 거기서 데이터를 만드는 것이 가능하다는 것을 보여주었지만, 칸과 소워의 작업은 자연적 현상을 생동감 있는 효과까지 끌어내는 데 있다. 이들의 인스톨레이션은 우리가 인지 못하던 사실을 단순히 보여줄 뿐만 아니라, 이를 감성적으로 느끼게 해준다. 스위스 과학 센터Swiss Science Center의 테크노라마 빌딩에서, 칸은 바람의 터뷰런스 Turburlence의 복잡한 패턴에 의해 생기는 공기의 흐름에 따라 움직이는 수천 개의 알루미늄 패널로 입면을 구성했다. 그는 단순히 실제화시키는 것보다는 감성적으로 인지할 수 있는 세계를 드러내는데 더 집중하고 있다. *바람받이WINDSWEPT*라는 작업에서 소워스는 유사한 해석과정translation을 택하고 있지만 훨씬 더 원시적인 기술(로우테크)low-tech을 통해서 오랫동안 바라 보면extended observation 바라볼 수록 더 바람을 실감할 수 있도록 만들었다. 바람받이는 일종의 과학기구처럼 작용해서, 이제까지 볼 수 없었던 거대한 현상을 볼 수 있게 만드는 창window으로서 기능한다.

이 장의 마지막 프로젝트는 인간행동human behavior에 대한 공감하는sympathetic 이해에 바탕을 둔 하이-테크적인 접근을 하고 있다. 칸과 소워스의 작업이 자연적인 현상을 해석translation해서 감성적인 측면을 끌어냈다면 롭 레이Rob Ley와 그의 스튜디오, 그리고 래디컬 그래프트Radical Craft의 조슈아 슈타인은 이를 기술적인 방법을 통해 끌어냈다. 의식은 없지만 반응한다고 알고 있는 식물이나 낮은 단계의 유기물을 모방emulate하여, 같은 공간 안에 있는 사람들에 반응하는 "산호초"의 행태behavior를 만들어 냈다. 이 프로젝트는 기계적인 느낌이 없으며, 효율적이고, 유연한fluid 움직임을 통해 우리의 행동에 반응하고, 우리에게서 감성적인 반응emotive interpretation을 이끌어 낸다. "*산호초*를 통한 기술의 독특한unique한 탐구를 통해 생체모방biomimetic에서 생물동역학biokinetic으로 초점이 옮겨지고 있으며 더 확장되어 (개체의) 감성 willfulness이 있는 건물까지도 고려될 수 있다." 그는 "공간과 사용자의 실행가능viable한 상호교류interactivity의 모델을 찾다 보면 지성보다 행태behavior가 더 중요해질 것이다."고 결론짓고 있다.

5월/9월 MAY/SEPTEMBER
Urbana

이 프로젝트는 2차원 이미지를 만드는 방식과 건축외피를 만드는 시공방식tectonic과의 관계를 연구하려고 하였다. 디지털 이미지를 다루는manipulation 기술 및 재현 기술에 대한 다양한 연구를 통해 건물 입면 전반에 복잡한 패턴과 모서리들edge을 어떻게 처리할지에 대한 전략을 찾았다. 프로젝트의 가장 중요한 개념은 두 가지였다. 우선 현재 가능한 제작방식fabrication의 최적화를 위해, 이미지를 디지털 시스템의 효율과 실제적인tectonic 시스템 사이의 개념적인 연결고리로 여겨 작업하는 전략에 어떤 효과를 주는지, 즉 해상도를 줄이는 것이 공간의 질을 높이는데 도움이 되는지를 알아내는 것이었다. 이를 통해 최적화—픽셀을 줄임—가 필요에 의한 타협necessary compromise이 아닌 공간의 가치를 spatial conditioning 높이는데 도움이 되었다.

건축 형태를 구축함에 있어 픽셀 데이타 획득pixel data-extraction 방식은 그리 새롭거나 혁신적인 방식은 아니었다. 데이터 획득방식중 픽셀 방식은 가장 기초적인 작업 방식으로, 이미지 하나에서 색과 명도를 축출extraction하여 값value을 끌어내는 이 방식은 초기 디지털 디자인부터 많이 사용 되어왔다. 하지만 디지털 이미지 자체를 구축construction

인디아나 폴리스에
위치한 에스케나지
병원 주차장과
외부입면

입면날개flaps 상세

하는 것에 대한 심도 있는 연구는 이루어지지 않았다. *5월/9월* 이미지에 대한 탐구는 프로젝트 초기에 일찍부터 시작되어, 이미지를 만들 때 생기는 왜곡distortion, 추상화abstraction 그리고 광학 프로세스optical processing에 대한 실험으로 발전시켜 효율적으로 스크린에 투사되었다. "실제" 이미지 데이터를 바꾸는 것은 디지털 파일의 효율만을 높이는 것이 아니라 이미지 자체의 이해도를 더 높인다.

개념적으로 기능적으로 소음noise은 입면 개발의 중요한 역할을 한다. 소음은 보통 이미지나 소리 재현 요소 중 원하지 않는 부분이라고 생각되지만, 이 경우에는 조건의 변경자modifier가 된다. 일반적인 사진 이미지의 해상도grain가 분위기를 바꾸는데 도움이 되듯이 소음은 숫자 데이터 세트numeric data set에 융합synthesize되어 모호함obscurity이 조정될 수 있도록 한다. 따라서 소음의 도입은 양적인 측면(데이터 처리의 자원resource이나 CPU 사용량을 줄인다는 의미에서)과 질적인 측면 (디지털 이미지의 결과물에서 더 인지도를 높인다는 측면에서)에서 상당히 유용할 수 있다.

현재 디지털 프로덕션의 양식mode은 흔히 계획design과 표현output에 구속되지 않고 차이를 위한 차

이를 만드는데 열중하고 있다. 부품의 대량생산은 일반화되고 있는데, 미세한gradient 공간의 조건을 표현하기 위한 차이는 얼마나 필요한 것일까? 건축적으로만 보자면 다양한 부품을 디자인하는 것이 이상적이지만 이는 현재 건축적인 스케일에서 일반적인 시공과 제작 기술을 생각하면 실행에 옮기는 것이 쉽지만은 않은 일이다. 일상적인 제작 환경에서 특별 주문된 조립부품이 많아질수록 제작 및 시공에 시간이 걸리고, 제작 단가는 올라간다. 이는 결국 개념적으로나 실제적으로나 낭비라고 볼 수 있다. 부품의 다양성variability는 어느 단계에 이르면 한계에 이를 것이고, 할 수 있기 때문에 무작정 실험을 하는 것은 무모하고 합리적이지 않을 것이다.

최적화의 목적은 시스템이 작동하지 않거나 디자인의 의도를 해치지 않으면서도 부품의 수를 줄이는 것이다. 이 목적 외에도 시스템 자체의 안정화integrity를 위해서도 최적화는 필요하다. 따라서 지금 시점의 일반화된 그리고 빈복된 요소를 사용하는 것은 유용하다.

이미지의 생산production은 인쇄 (그리고 후에는 디지털 기술) 기술의 역사적인 발전에 따라 변화해왔다. 목판 인쇄woodblock printing 후에 발명된 구텐베르크의 인쇄 기술로 인해—후에 몇 세기가 흘러서 더 발전된 양식이 나타났는데—우리는 인쇄를 훨씬 더 빠르게 할 수 있게 되었다. 기술이 발전될수록, 이미지를 인쇄하는 방법 또한 발전해 나갔다. 이 프로젝트의 주된 관심의 대상은 2단계binary 로만 표현되는 매체에서 더 많은 내용을 표현print할 수 있는지 였다. 우리가 보는 회색의 음영이나 다양한 색의 색조나 복잡한 이미지들은 단 하나의 색으로 표현된다. 하프톤(망점)halftone은 현재 가장 많이 쓰이는 방식이며 이는 제한된 팔레트palette를 점과 간격spacing을 통해 복잡한 이미지를 재현하는데, 이와 유사한 것이었다.

5월/9월 프로젝트는 인쇄 제작술의 디더링dithering 처리기법과 오차확산기법error-diffusion의 현상을 차용해 건축요소의 팔레트palette를 만들어내 노이즈에 기반한 질감texture을 건물 외피에 표현하고 있다. 이러한 방법으로 각각 세 가지의 부분집합sub-set을 가진 세가지 기본 유형basic typologies을 만들어 부분적 미러링mirroring을 통해 18가지의 요소를 가진 팔레트를 만들어 낸다. 이 요소component들

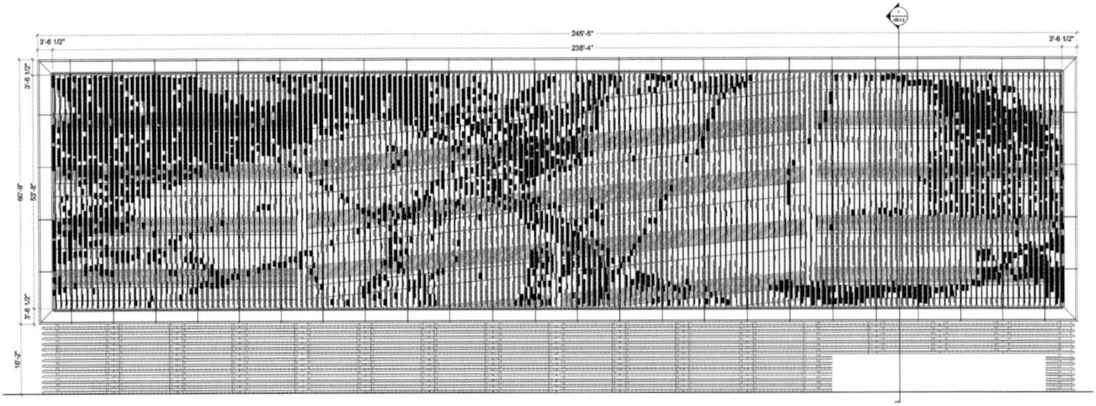

위, 오른쪽:
입면도 및
단면 상세

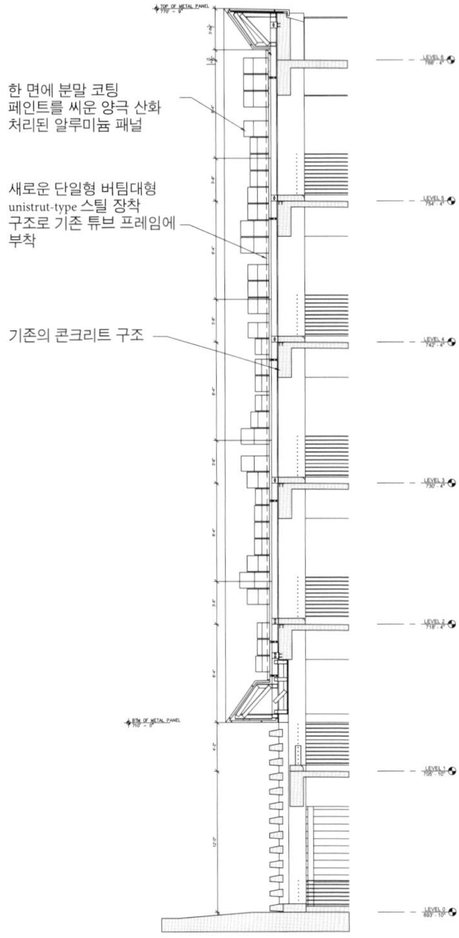

은 노랑/파랑의 두 가지 색 팔레트와 만나 복합적이면서도 뉘앙스가 있는 이미지를 만들어 낸다. 이렇게 제한된 요소로 만들어내는 처리방식manipulation과 변환translation은 특별히 제작된 요소들을 추가해서 해결하는 것보다 더 흥미로운 도전이다.

부품 유형component typologies

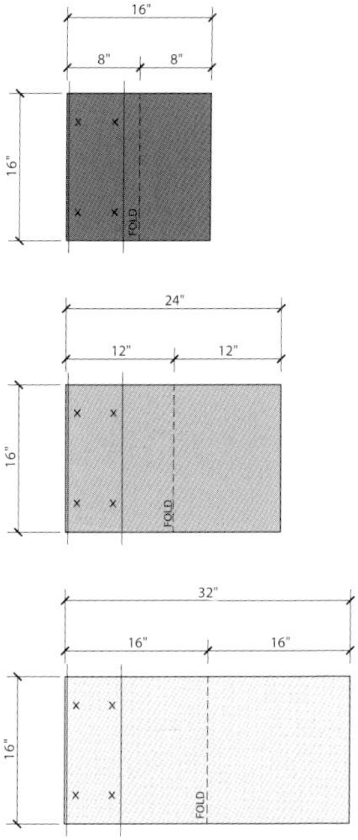

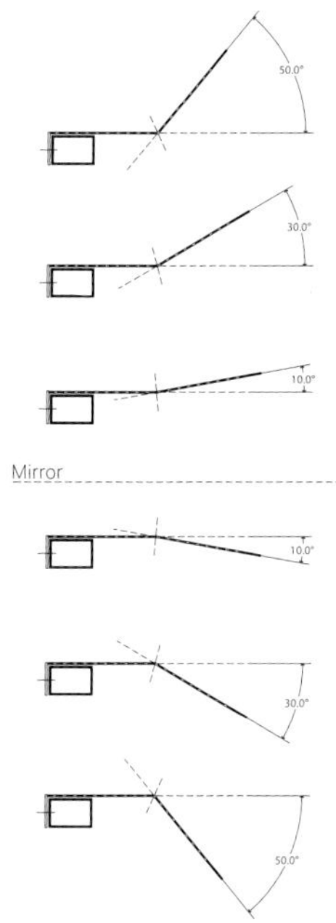

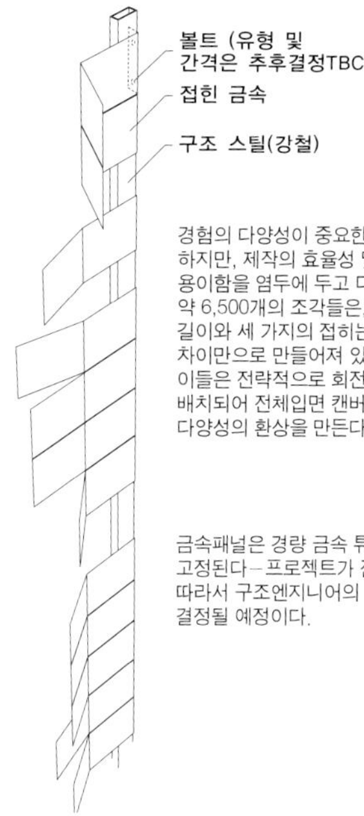

경험의 다양성이 중요한 목표이기는 하지만, 제작의 효율성 및 설치의 용이함을 염두에 두고 디자인되었다. 약 6,500개의 조각들은, 세 가지의 길이와 세 가지의 접히는 각도의 차이만으로 만들어져 있다. 하지만 이들은 전략적으로 회전되고 배치되어 전체입면 캔버스에 무한한 다양성의 환상을 만든다.

금속패널은 경량 금속 튜브 시스템에 고정된다 – 프로젝트가 진행됨에 따라서 구조엔지니어의 조언에 따라 결정될 예정이다.

참고: 생산자는 구조 엔지니어링 도면, 계산 및 사양에 따라서 구멍의 배치 및 패스너를 조정할 것.

파사드 날개 종류 다이어그램

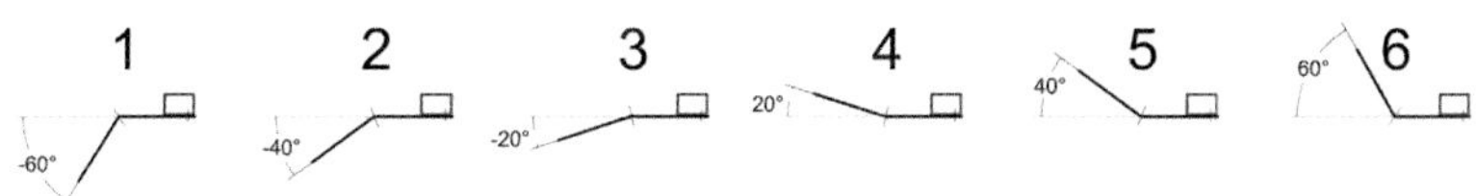

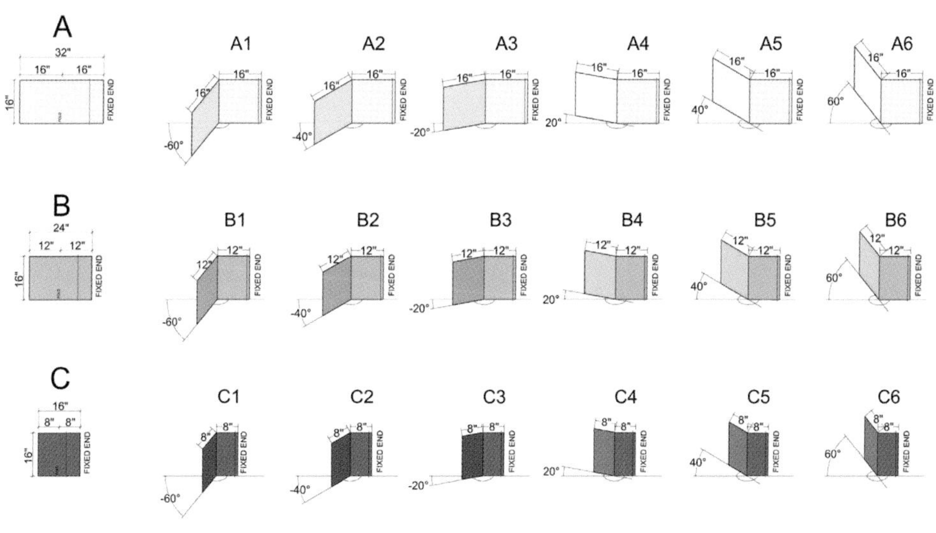

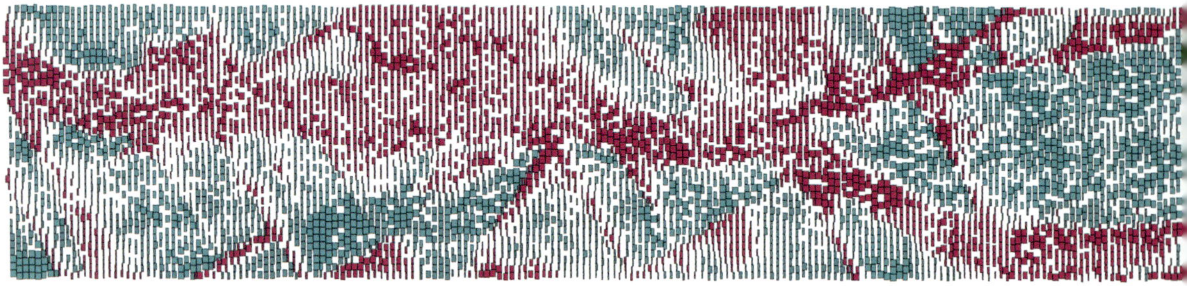

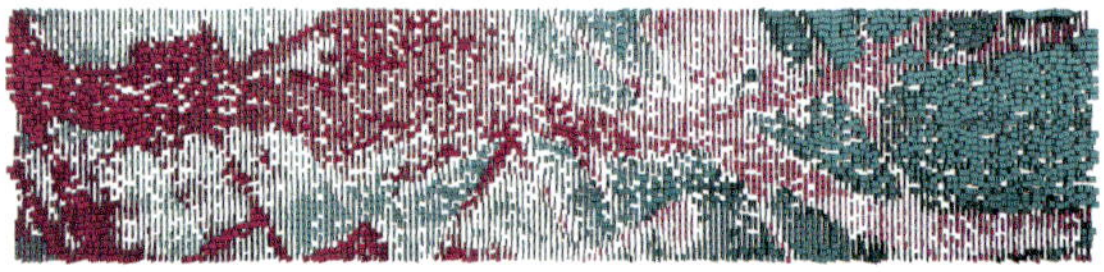

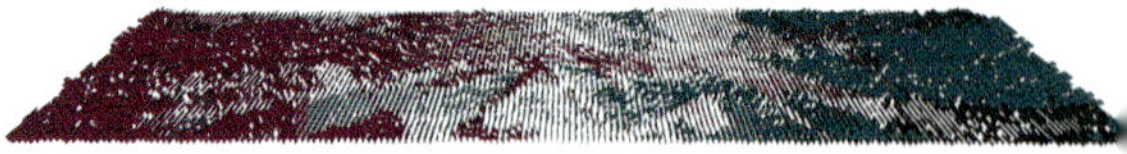

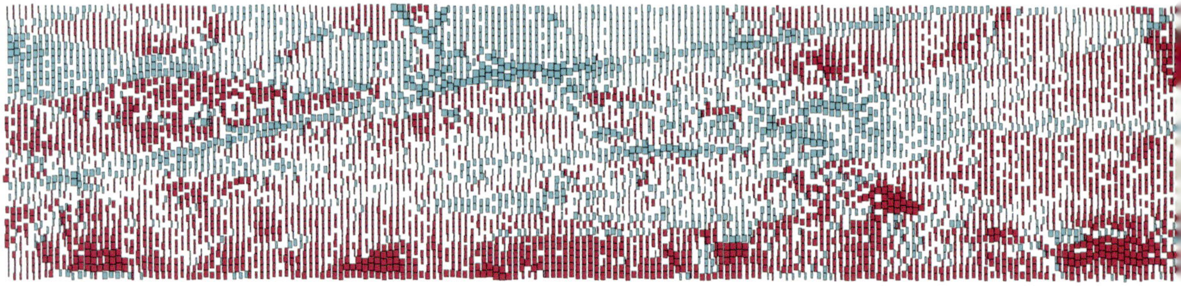

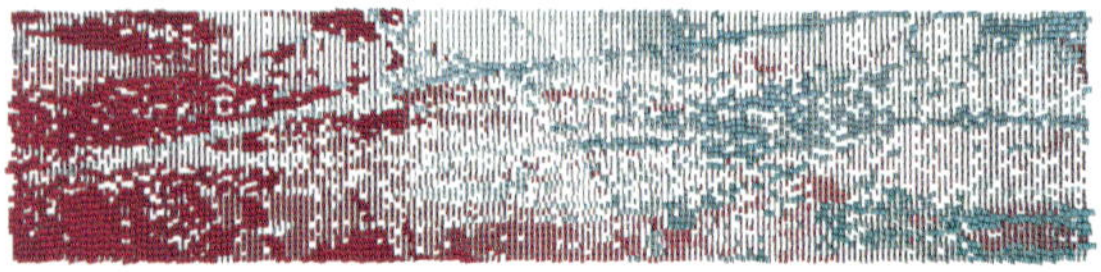

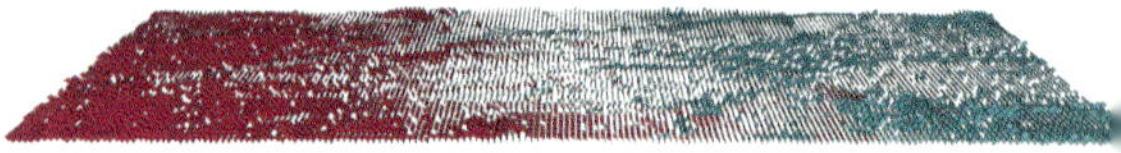

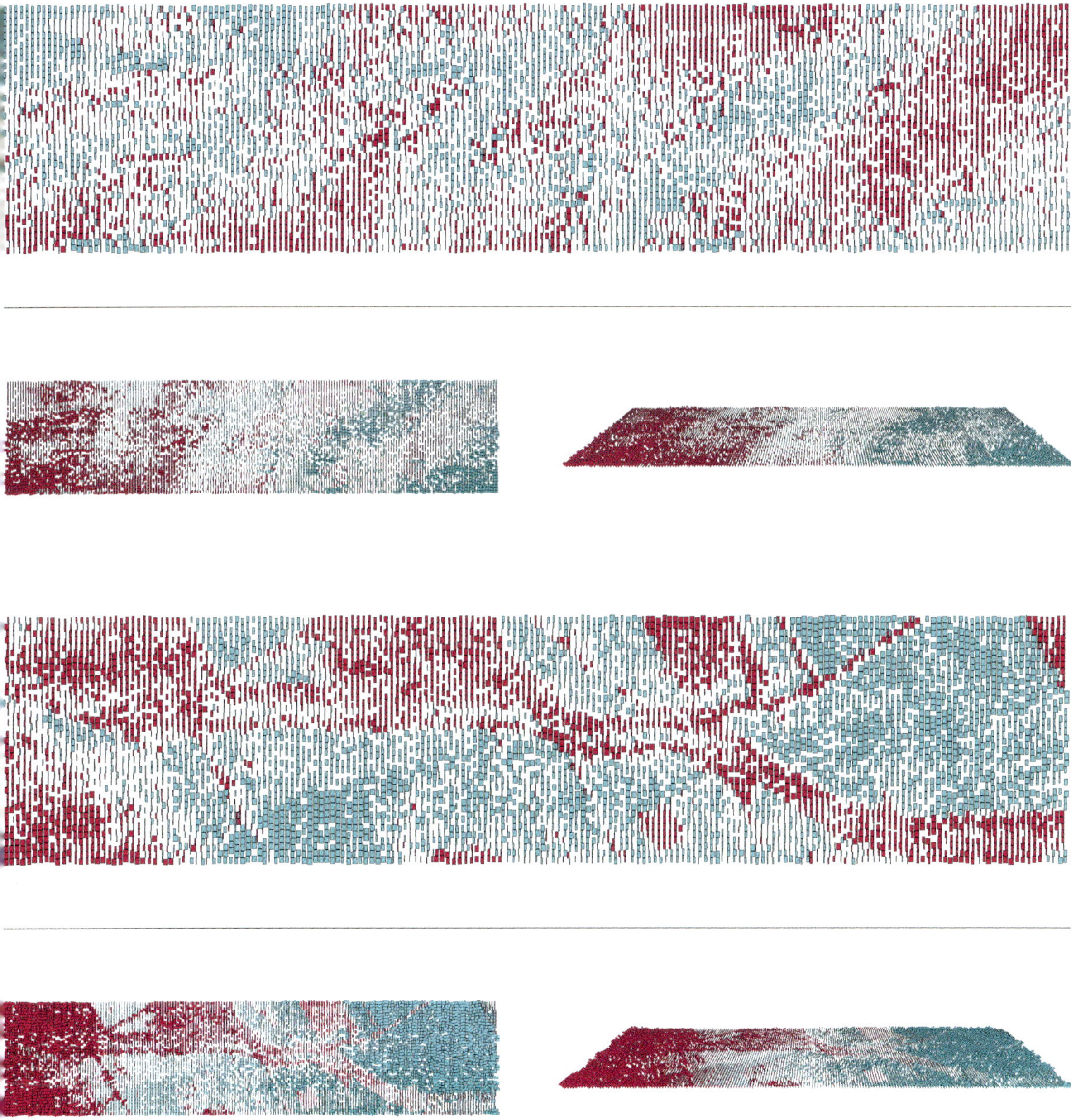

디더링과 노이즈
스터디

테크노라마 파사드(입면)
TECHNORAMA FAÇADE
Ned Kahn

위와 반대쪽 페이지, 상부: 작동하고 있는 센터 입면

2002년에 네드 칸은 테크노라마, 스위크 과학 센터 그리고 두리그와 라미Durig & Rami 건축사무소와 함께 6층 높이의 건물의 입면을 디자인했다. 입면은 바람에 의해 생성되는 복잡한 난류turbulence가 만들어 내는 공기의 흐름에 의해서 움직이는 수천 개의 알루미늄 패널로 구성되어 있다. 이 작업installation을 위해 67.1m나 되는 박물관의 표면이 8천 개의 바람에 의해 활성화되는win-animated 패널로 채워졌다. 브러시 마감된 알루미늄 패널의 표면은 하늘과 주변 건물의 빛과 색을 반사한다. 전체적으로 볼 때, 입면은 박물관 전면에 위치한 도시광장urban plaza의 시각적인 초점focal point가 된다. 하나의 움직이는 부재는 3인치(7.6cm)의 정사각형 알루미늄과 상부에 마찰계수가 낮은 low-friction 플라스틱 베어링으로 구성되어 있다. 이 베어링은 스테인리스 스틸로 만들어진 차축axle에 연결이 되어 있고, 이는 다시 건축의 구조적인 보에 연결된 알루미늄 골조framework에 연결되어 있다. 하나 하나의 요소는 바람의 힘에 반응하지만 전체 파사드로 보면 더 큰 스케일의 패턴과 질감texture를 가진 연합체로 움직

정지된 파사드

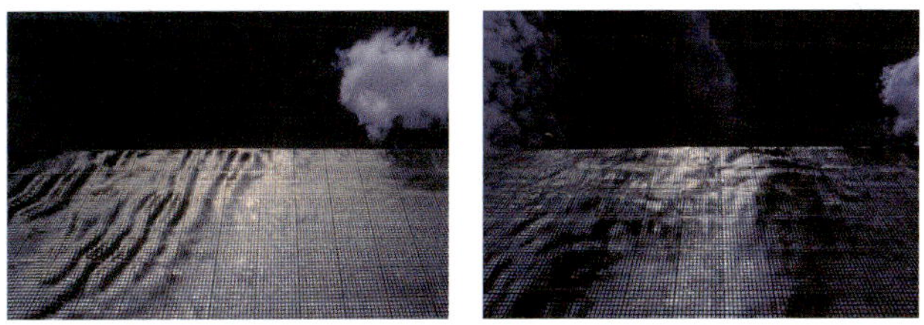

다른 상태의 입면 상세

여 복합적이고, 조직화된coordinated 움직임을 보여준다. 이 작업은 강력한 폭풍, 빙설 그리고 10년 동안 꾸준한constant 태양광에 노출되고도 고장이나 노후 없이 잘 작동하고 있는데, 이는 테크노라마 입면에 나뭇잎들이 강한 바람에 견디는 방법을 적용해 면적이 작은 요소 하나 하나들이 폭풍우 때 견딜 수 있게 계획했기 때문이다.

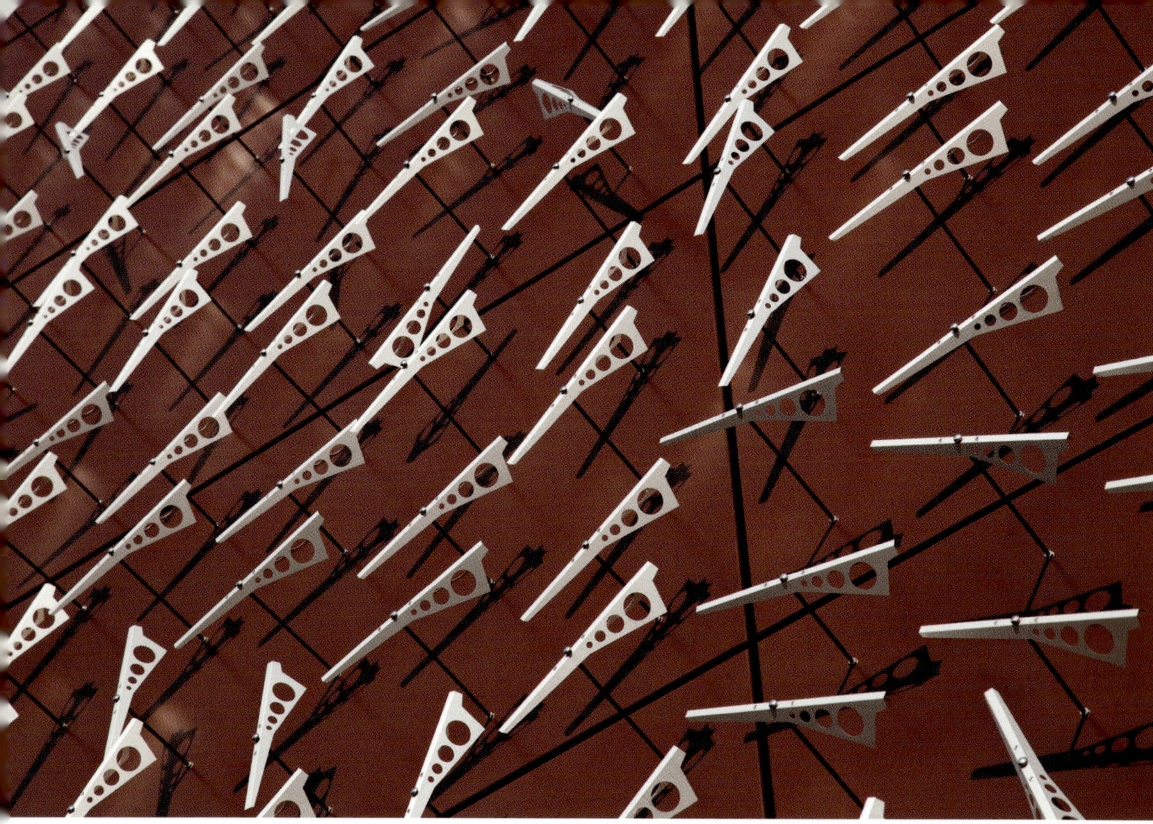

바람받이 *WINDSWEPT*
Charles Sowers

샌프란시스코 미술 위원회San Francisco Arts Commission의 의뢰로 랜달 박물관Randall Museum에 영구전시물로 계획된 바람받이는 바람에 의해 작동되는 입면 wind-driven kinetic façade로 의미 없던 벽blank wall을 관찰기구observational instrument로 만들고 바람과 환경 사이에 복합적인 상호작용을 일어나게 한다. 수년 동안 찰스 소워스는 자신의 작업을 특정한 장소의 현상으로 다이나믹하게 만들어 내고 있다. 그의 많은 작업들은 아름다움aesthetics와 정보의 합성blend으로 이루어졌다. 이는 장소에 적응하고 일상적으로 보이지 않거나 관심의 대상이 아니었던 현상을 드러내는 미학적/과학적 기기장치aesthetic/scientific instrumentation가 된다. 이런 작업을 통해 소워스는 장소와 사람들이 예상치 않은 대화를 하도록 유도하고 있으며 평소에 관심이 없던 자신 주변의 세상의 아름다움과 흥미로움을 깨닫도록 하려는 것이다.

랜달 박물관이 위치한 장소는 다른 샌프란시스코와 같이 바람과 관련이 많다. 연안에서 부는 바람은 이 캘리포니아의 중앙 계곡에 따뜻한 기후 weather를 만드는데 반해, 반대로 내륙에서 바람이 불 때는 혹독한 추운 날씨가 된다. 소워스는 바람과 연관된 작업을 하고 싶었다. 초기에는 완전히 다

주차장에서 본
동작하고 있는
파사드의 모습

른 아이디어로 다른 곳에 설치할 계획이었지만, 박물관 관계자들은 30 피트(9.1미터) 높이에 35 피트(10.6미터) 폭의 공허한 벽을 바꾸고 싶어했다. 이 벽은 주차장을 마주하고 있고, 방문객들에게 첫인상을 주는 중요한 건축요소였다.

소워스의 지속되는 작업의 주제는, 관심 받지 않은, 혹은 보이지 않는 것들을 표현하는 것이며, *바람받이*도 마찬가지다. 작업은 실제적인 물리적 현상을 만들어내 사람들이 의식하고 상호작용하게 만든다. 디자인은 612개의 자연스럽게 회전하는 화살 모양의 요소로 구성되는데 이는 거대한 현상larger phenomenon 속에 작은 부분적인 공기의 흐름을 표현한다. 이 조각 사이로 세찬 바람이 회전하거나 잔물결처럼 지나가면, 건물과 환경이 바람과 반응하는 상황이 복합적으로 표현된다. 화살은 균형이 맞추어져 있어 자극이 없을 때는 마지막으로 움직인 곳에 멈추어 있다. 따라서 화살들은 바람이 불지 않을 때도 마지막으로 불었던 바람의 기억을 간직한다. 이를 통해 작업은 움직이지 않을 때에도 움직임을 보여주고 있다. 작업의 목표는 즐거움과 놀라움을 느끼게 하는 것이고, 이를 통해 방문객들이 더 오랫동안 작업을 관찰할 수 있게 만드는 것이다extended

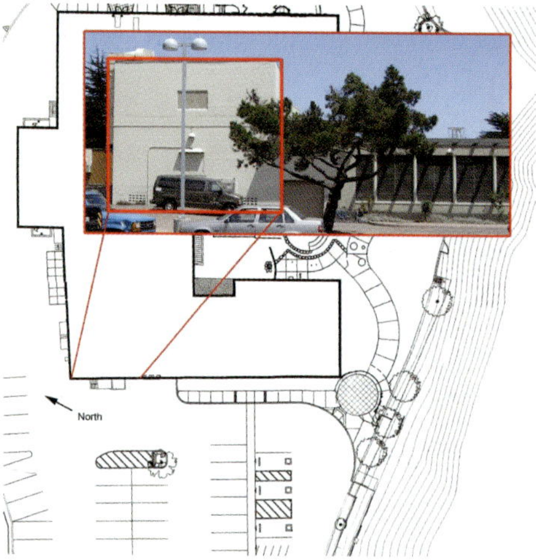

Context diagram

화살촉 스터디

observation. 소워스의 다른 작업과 같이, 다른 힘이 작용되어야만 움직이고 완성되는 조건을 만들고 있으며 작업의 완성은 자연적인 현상과 이를 바라보는 관람자의 상호작용이 일어나는 순간이다.

*바람받이*는 벡터영역vector field라고 불리는 과학도표에서 영감을 얻었으며, 이 도표는 원래 바람이나 용액, 혹은 전자기장의 방향이나 강도를 보여주기 위한 용도로 생긴 것이다. 소워스는 평소 이 도표에 관심을 두었고 이를 실제로 움직이도록 만들 수 있다고 믿었다. 벡터영역 다이어그램처럼, 바람받이는 바람에 대한 정보를 드러낸다. 장소와 바람의 관계를 실시간으로 보여주고, 움직이는 기기는 단순한 정보 그래프를 넘어선다. *바람이라*는 주제는 사실 우리가 평소에 인지하지 못하는 현상의 대표적인 예이다. *바람받이*는 구축환경 주위에 부는 바람의 아름다운 복합성을 보여준다.

소워스는 바람풍향계의 프로토타입을 만들고 시험하는데 1년 반 정도를 보냈는데, 처음에는 바다에서 사용되고 있던 풍향계를 구입해서 패널에 부착해 실험하였다. 하지만 이 기기들은 견고하지 않았고, 수평으로 회전하게 되어 있어 벽에 부착했

공사중인 입면

을 때, 제대로 작동하지 않았다. 그에게 필요한 것은 수직으로 회전하고, 멀리서도 식별이 되며, 원래 풍향계보다 훨씬 더 다양한 각도에서 인지 가능하게 하는 것이어야 했다. 이런 이유로 인해 소워스는 새로운 풍향계를 제작해야 했다. 하지만 그의 초기 디자인은 그가 운전하면서 창 밖으로 들거나 어린아이처럼 뛰어다니면서 실험을 했을 때 바로 고장 날 정도로 연약했다. 풍향계들은 바람에 맞추어서 90도로 회전하거나 원하지 않는 진자운동을 했다. 다시 종이로 몇 개의 모델을 만들어서 해변가나 그의 아파트 밖에서 실험을 했으며 점차 기능적이

다양한 상태의 입면 디테일

고 아름다운 형태를 발견하기 시작했다. 최종적으로 소워스는 8개의 알루미늄으로 만든 화살들을 실험했는데, 현장에서 1년, 샌프란시스코 프레시디오에 소금기 바람이 가득한 베이커 비치에 있는 자신의 아파트에서 1년 반 정도를 실험하였다.

최종적인 바람 화살들은 브레이크 프레스를 통해 제작brake-form된 양극 산화 처리된anodized 알루미늄으로 만들어졌다. 화살의 축은 일반적인 철 재질의 건축 벽 시스템에 연결되어 있으며, 이는 25개가 사용되었다. 패널 자체는 기존 콘크리트 벽돌 벽concrete masonry unity (CMU)에 있는 HVAC 통풍구를 막지 않기 위해 벽에서 떨어져 고정되었다. 12 핏(3.7 x 3.7) 패널에는 시공사가 리벳너트들을 그리드 패턴으로 고정하였고, 패널들이 벽에 시공된 후 각 화살들이 리벳에 고정하였다.

실제 시공기간은 4일이었고 결과는 소워스가 예상한 것 이상이었다. 몇 개의 화살만 실험적으로 설치했던 소워스에게 전체 벽이 어떤 모습일지는 상상으로만 가늠할 수 있었다. 이런 면에서도 *바람받이*는 실험적인 시도였으며 단순히 상상만 할 수 있었던 현상, 모델링으로는 볼 수 있지만 현실에서 인지할 수 없었던 현상을 세상에 드러냈다.

산호초 REEF

Rob Ley, Rob Ley Studio and Joshua G. Stein, Radical Craft

지난 한 세기 동안 상호작용적인 정보에 기반한 건축의 가능성은 여러 방향으로 실험되어 왔다. 가장 대표적인 시나리오는 '환경이 개인에게 서비스를 할 수 있는가'였다. 이런 시도들은 기계가 가지는 인공지성을 어느 정도 전제하고 진행되었다. 환경은 사용자의 요구와 필요를 예상—혹은 적어도 실시간으로 이해—할 수 있어야 그 이후에 즉각적으로 기술적 서비스technological gratification를 할 수 있을 것이다.

건축 외 다른 분야들(교통, 의학, 통신기술)은 기술의 발전을 받아들여 기하급수적인 진화를 이루고 있고, 건축도 재료과학, 컴퓨터의 능력향상 그리고 정보의 유연함information fluidity에 의해 빠르게 진보하고 있다. 5년 전, 롭 레이 스튜디오Rob Ley Studio는 건축이 단순히 주거할 수 있는 공간shelter만을 제공하는 것이 아니라 일상적 공간 이상의 역할을 할 수 있다는 신념으로 연구를 시작하였다. 건축이 단순히 인간을 보좌serve하는 것이 아니라, 행동하는 특징behavioral position을 가질 수 있다는 믿음을 현실화 시키기 위해 수년 간 노력해 왔다. 말하자면, 단순히 사용자에게 서비스를 제공하는 환경보다 어느 정도 자신의 의지를 표현하고 동반자로서 함께하는

켄메어 거리에서 본 산호초. 이 길은 놀리타NoLita와 SOHO와 이어져 상시 인파foot traffic가 많다.

offer companionship 환경이 인간에게 더 이롭다고 생각하는 것이다.

*산호초*는 이런 연구에 기반을 두어 제작된 것으로 수백 개의 상호작용적 면들은 "와이어 근육"muscle wire으로 구성된 나이티놀nitinol 형상기억 합금으로 만들어져 있다. 이 공간적인 구성arrangement은 RGB 카메라 인터페이스와 MAX/MSP 플랫폼을 위해 쓰여진 소프트웨어로 구성되어 거주자들에 반응하는 환경을 만들었다. 반응의 방식은 사용자들의 기본적 위치에서부터 옷의 색이나 사용자가 몇 명인지 등의 복합적인 정보에 의존한다. 더 흥미로운 현상은 이런 임의적인 처리 기준보다 사용자들이 자신의 존재와 행동이 공간에 영향을 준다는 것을 알아차리면서부터 시작된다. 사용자들은 반응하는 이유를 찾기보다, 움직임 자체에 매료되었는데, 이는 마치 로봇 애완동물과 주인과의 관계와 유사하다. 다양한 사용자들의 일관적인 반응은 인터랙티브 환경과 인공 지능의 분야에서 지성intelligence과 정보 처리 능력만이 중요한 것이 아니라는 확신을 갖게 한다. 행위의 우아함behavioral qualities은—특히 키네틱한 움직임과 간접적인 (꼭 행동에 반응을 안 하는) 반응—환경과 주거자 사이의 관계를 형성하는데 더

산호초 인스톨레이션은 아콘치 홀 외관과 함께 개인 갤러리와 공공 보도 사이에서 여러 상호작용하는 레이어를 만든다.

중요하다. 앞으로의 연구는 스케일과 재질이 이런 관계형성에 어떤 역할을 하는지에 대해서 관심을 가지고 발전시키려 한다.

*산호초*는 새롭게 등장하는 재료 공학이 건축적 환경에 어떻게 연결되어 행위 하게 되는지에 대한 새로운 양상을 보여주고 있다. 뉴욕시티 스토어프런트storefront 전시장에 설치된 이 인스톨레이션을 대중들은 적극적으로 받아들여 일상적인 개인적 공간과 공공적 공간의 경계를 파괴하는 사회적인 뉘앙스nuance의 새로운 장을 열게 하였다. 이 전시의 반응하는 표피responsive membrane는 다양한 방식의 둘러쌈enclosure을 형성할 수 있어 유연하고 복합적인 관계를 만들어 낸다. *산호초*는 외부의 다양한 상황stereoscope에 반응해 내부 인테리어의 공공적 공간을 능동적willful으로 바꾼다. 신흥emerging 기술을 적용해 건축은 현대의 사회적인 중첩overlap, 아이디어의 교환 그리고 협력적 생산 방식에 적합하게 변화해야 한다.

초기에 운동motion 기술과의 공존을 모색하던 건축은 주로 인공지능을 통한 효율에 초점이 맞추어져 있었다. 하지만 이성적인 효율과 합리성에 기반한 건축은 훌륭한 기계나 똑똑한 집사 이상의 역할을 하지 못한다. 개폐형 스타디움의 지붕이나 론 헤론Ron Herron의 걸어 다니는 도시Walking City 등은 사회적인 상호작용을 위한 매체로서 기능하지는 않는다. 이런 경우 기술은 기계 미학machine aesthetics과 연결되어 사회적인 관계를 형성하는 것과는 멀기만 하다. 기술과 공간이 인간과 관계를 맺는 가능성을 다른 패러다임으로 극대화시킬 수는 없을까?

*산호초*는 새롭게 부상emerge하는 재료와 기술들이 건축과 공공 공간에 유연하게 재구성reprogram 될수 있는지를 탐구한다. 예를 들어 니티놀nitinol은 1950, 60년대에 개발되었지만 지난 20년간 처음으로 사용되었다. 이는 형상기억합금shape-memory alloys (SMAs)라고 하는 부류의 금속metal인데, 온도에 따라 형태가 바뀐다. 이 합금이 와이어로 쓰이면 간단한 전류를 흘리는 것만으로도 재료의 모양이 바뀌는데, 겉으로는 일상적인 와이어로 보이지만 그 길이가 바뀌고 그 변화는 아주 정확하게 조절될 수 있다. 니티놀 와이어는 전체길이의 5% 정도 수축할 수 있는데, 예를 들어 39인치(99cm)는 37인치(94cm)로 줄어들 수 있다. 길이의 줄어주는 정도

내부모습

는 큰 면의 액튜에이터actuator와 함께 사용하면 훨씬 큰 변화를 만들어 낼 수 있다. SMA 기술을 간단한 패널과 결합시키면 형태를 크게 바꿀 수 있는 모듈이 만들어지고 이는 이전의 기계적으로 움직이는 것보다 더 효율적이고 유연한fluid 동작을 만들어 낼 수 있다. 분자 단계molecular level에서 만들어지는 이 동작은 식물이나 하급의lower-level 유기체에서 나타나는, 의식은 없지만 반응하는 방식과 유사하다. 태양을 쫓아 움직이는 해바라기나 말미잘에 덮여있는 *산호초* 등의 반응도 이런 기술이 제공하는 반응동작과 유사한 유형이다. 실용적인 적용application은 의학분야와 항공 분야, 그리고 진기한 장난감—매우 특정super-exclusive이거나 하찮은 분야—에 제한 되었었다. 이 기술의 잠재력에도 불구하고 건축 환경 스케일에서의 가능성을 실험하는 시도는 극히 제한적이었다. *산호초*의 독특한 기술탐구는 생체 모방bio-mimetic에서 생체역학biokinetic으로 옮겨지는 건축의 기능성capacity을 확상하고 있다.

많은 건축가들이 형태form-making의 영감을 얻기 위해서 자연으로 눈을 돌리지만 결과는 형태 자체의 모방에서 끝나는 경우가 많다. *산호초*의 생체역학은 자연의 섭리logic을 단순 모방하는 것이 아니

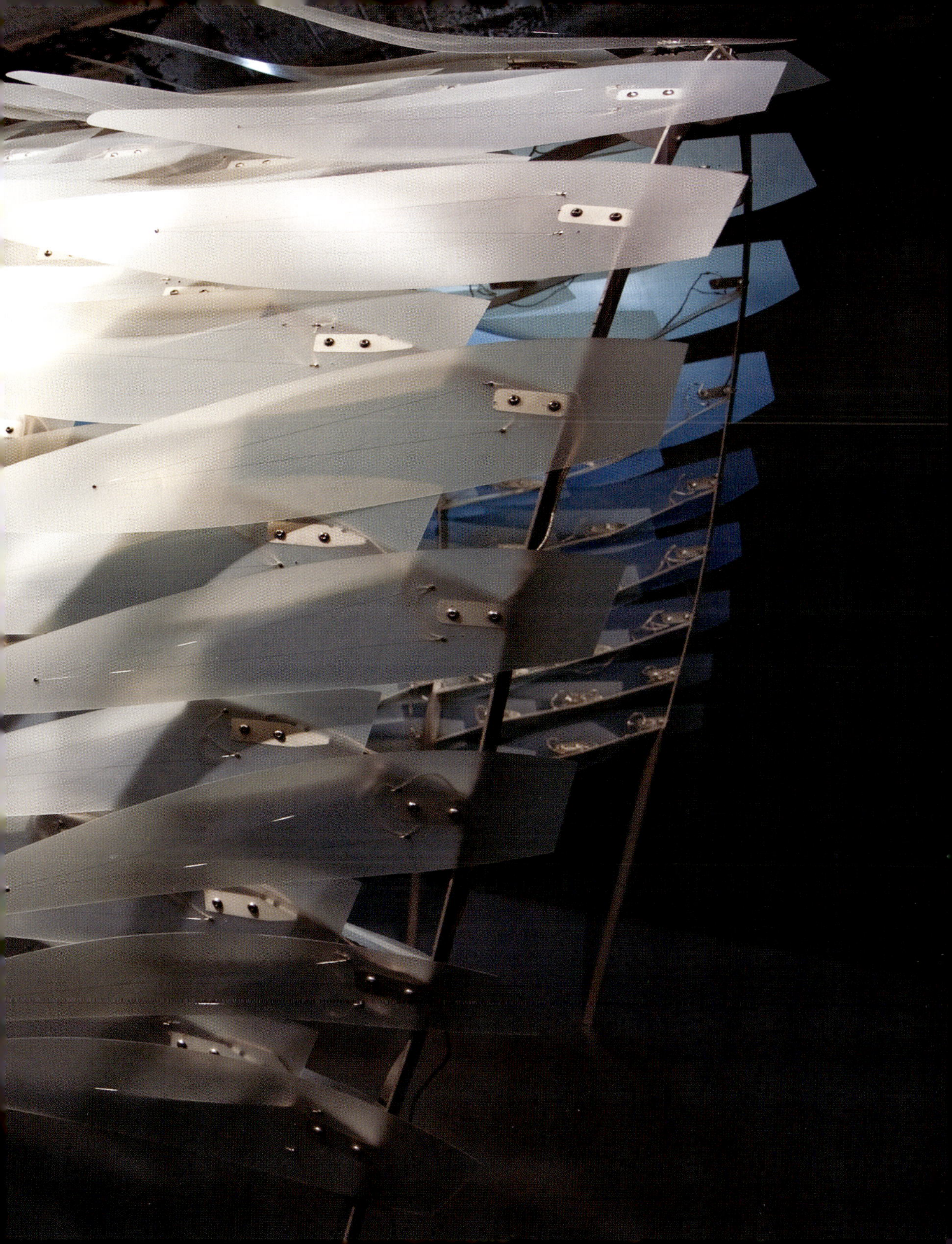

알루미늄 탭은 핀fin의 흐름 및 방향을 정리하고 동적 제어 시스템을 위한 인터페이스를 만든다.

라 역동적vigorous 상호작용이 가능한 환경을 창조하는 데까지 적용되고 있다. 아름다움의 정적인 이상을 찾기 위해 자연nature을 보는 것이 아니라 물리적으로 동적인dynamic 관계 형성을 통해 사회적 적용 가능성implication을 실험하고 있는 것이다. 이런 유기적lively 관계는 자연의 에코시스템에서 흔히 발견되는 양상이며, 효율에 바탕을 둔 합리화rationalization를 넘어 의식이 들게 하는 느낌마저 준다. 건축에서도 기술이 이런 감성을 만들어낼 수 있는 기회를 만들어줄 수 있을까? 형태적인 탐구로서만 건축을 바라보는 태도를 버리면 건축의 사회적인 효과에 대해서 좀 더 면밀히 생각해 볼 수 있다.

*산호초*는 공적 인도에 접해있는 스토어프런트 갤러리의 실험적인 성격을 강조하고 있다. 스토어프런트 입면 디자이너인 비토 아콘치Vito Acconci와 스티븐 홀Steven Hall은 외부의 보행자 인도에 닫힌 전시공간을 만들지 않고 예술과 건축의 실험적 공간을 갤러리와 길 사이에 만들었다. *산호초*는 이 실험을 확장하여 더 정교하고precise 유연한fluid 두 번째 인터페이스를 만들어, 사회적인 상호작용을 가능 하게하는 섬세하게 움직이는 투과성 있는 작업porosity을 구현하였다. 육백 개의 반응하는responsive 지느러

핀 상세Details of fins

미fin로 만들어진 표면surface은 갤러리와 길의 특별한 관계가 더해져 독특한 개성을 공간에 부여하면서도 사회적인 패턴pattern이나 동작 패턴을 통해 갤러리 안팎에 영향을 준다. 뉴욕 도시의 1층에서 벌어지는 일반적인 행위들—상업, 사무실, 혹은 갤러리—과 달리 여기서는 마치 바람에 움직이는 나무들처럼 자연스러운 동작과 흔들림sway으로 내부 공간을 외부공간과 하나가 되도록 만든다. 아쿤치-홀이 디자인한 입면과 나란히in tandem 반응하는 표면은 알루미늄 래티스lattice구조로 만들어져 스토어 프런트 갤러리 내부에 가볍게 앉아있다. 스토어 프런트의 쐐기모양의 평면에 더해져 단순한 수직 표면은 주거할 수 있는 공간으로 전환되어 강렬하고 다양한 경험을 줄 수 있다. 쐐기의 좁은 쪽narrow end의 위치한 반응 표면responsive surface는 내부의 빌보드billboard처럼 작동하여 붐비는 교차로에서 보행자를 끌어 들인다. 스토어 프런트 갤러리의 폭이 넓어짐에 따라 이 표면은 다시 안쪽으로 접혀 반응하는 지느러미fin의 합으로 반 원통형 둥근 천장Barrel vault의 모양이 되어 좀 더 몰입된 경험을 유도한다. 표면의 핀 패턴의 줄무늬는 스토어 프런트와 평행되게 계획되어 아콘치-홀의 작동되는 벽에 이어 두 번째 레이어layer를 만들어낸다. 지느러미Fin의 움직임에 의해 부분적으로 안쪽이 보이거나 혹은 가려져 지각되는 공간의 스케일과 에너지를 바꿔 보행자들에게 내부를 선택적으로 보여준다.

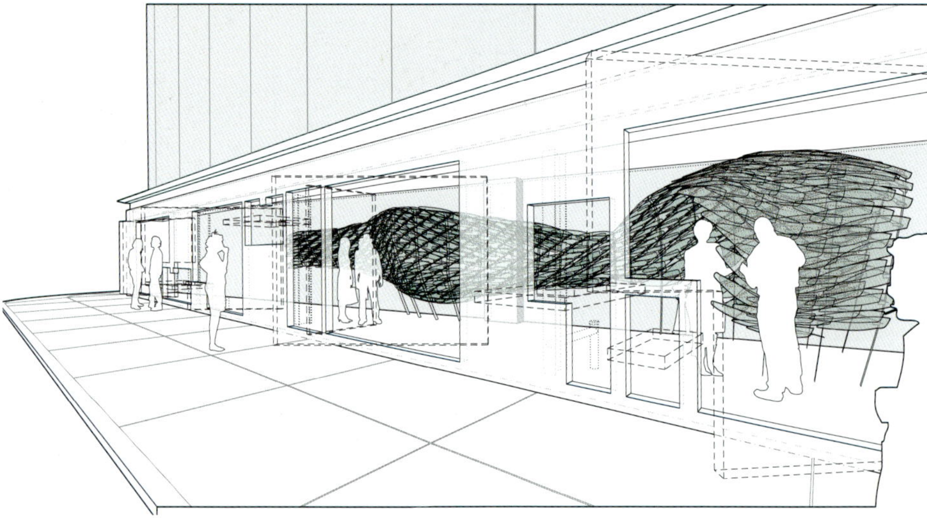

거리 랜드스케이프(풍경)으로 이어지는 사회적인 환경을 보여주고 있는 투시도 건물의 다공적 porous 입면과 fin으로 만든 인스톨레이션의 다공성으로 인해 통행인들을 유도해 잠시 보는 것뿐만 아니라 들어와서 경험토록 유도한다.

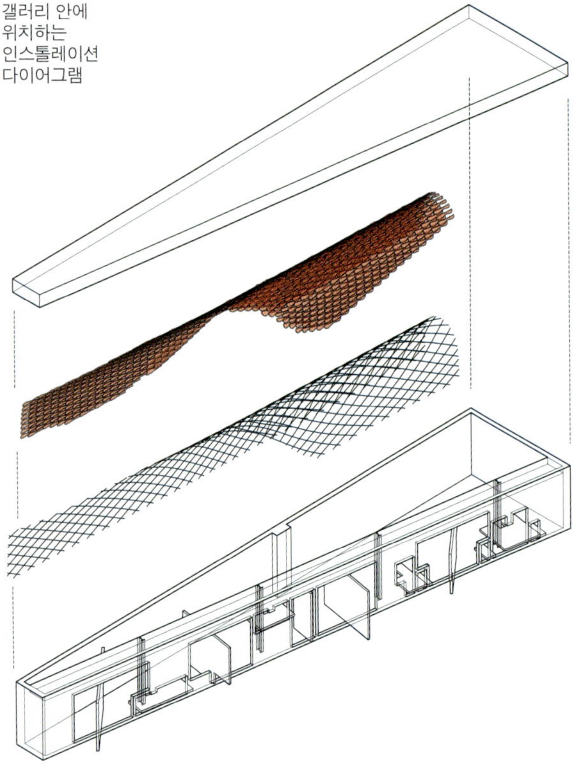

갤러리 안에 위치하는 인스톨레이션 다이어그램

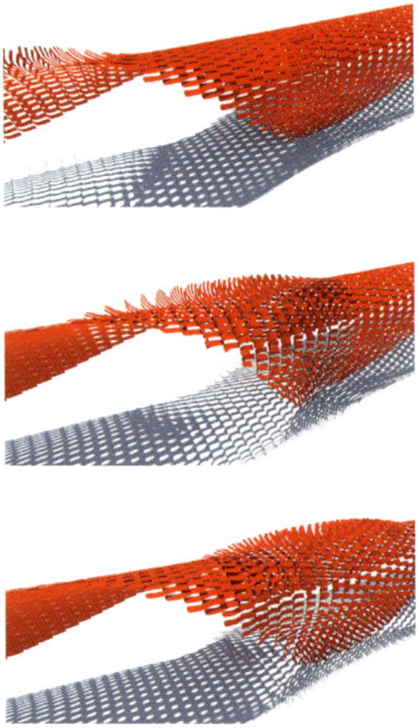

운동이 물결처럼 퍼지는 상황을 묘사한 시퀀스 다이어그램

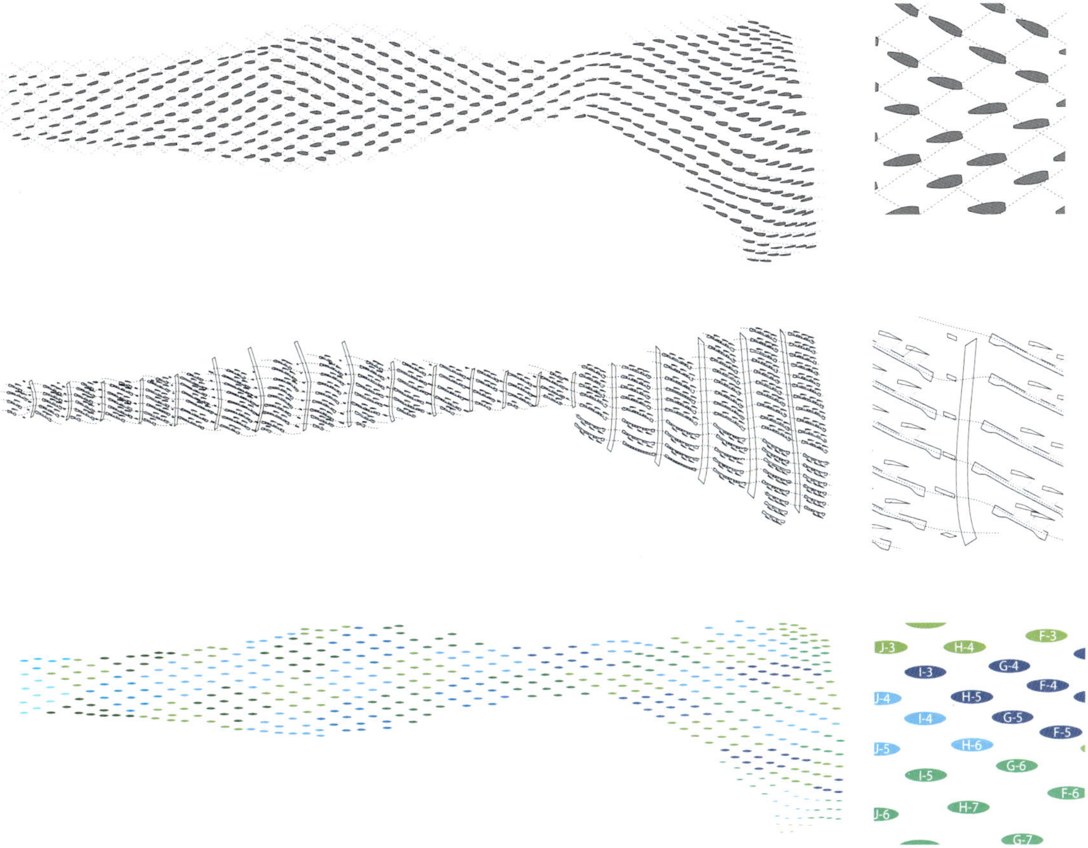

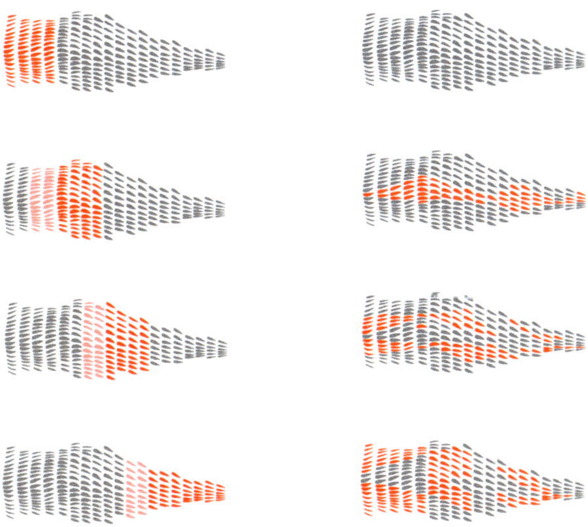

조립 다이어그램

수백 개의 근육 와이어로 움직이는 합성 핀들이 알루미늄 프레임에 붙는 일러스트레이션. 점선 곡선은 키네틱 핀 요소들의 운동 범위를 보여주고 있다.

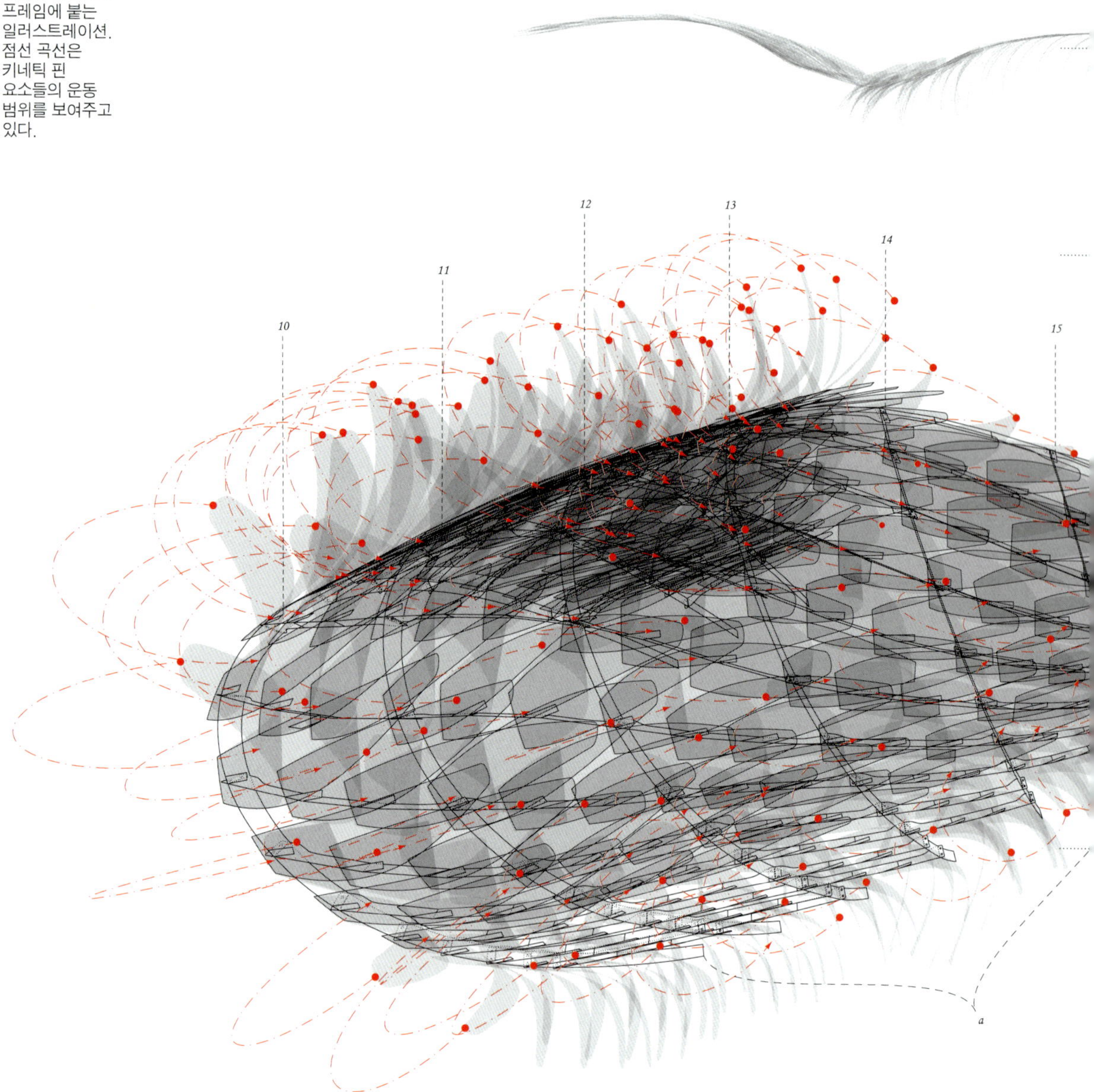

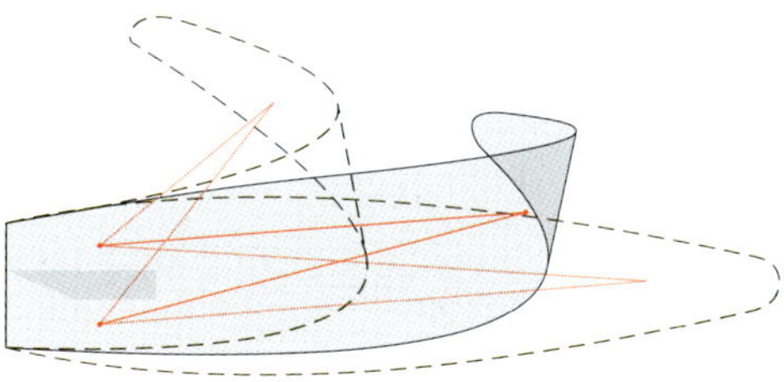

Fig. 8

소통하다

정의: 무엇에 대한 정보나 지식을 전달함.
관계된 단어: 전도하다convey, 전달하다convey, 건네주다give, 전하다impart, 퍼뜨리다spread, 이전하다transfer, 주입하다transfuse, 전송하다transmit

Merriam-Webster 온라인에서 2015년 3월 25일"exhilarate" 찾아봄. http://www.merriam-webster.com/dictionary/exhilarate.

COMMUNI CATE

건물이 단순한 반응을 넘어 실제 대화까지도 가능하다 여겨지는 지금 우리는 행동인지behavioral awareness의 발전 한계가 어디까지인지 정확히 모른다. 건물은 이제 1대 1의 정보교환을 넘어 사용자 그룹assembly과 반응하고, 정보를 교환하고, 상호소통interact할 수 있다. 동시에, 이런 프로그램은 개인과 집단 사이의 소통교환interaction의 정도level까지도 제어할 수 있을 것이다. 건축 공간이 진정한 소통 능력communicative capability을 갖추게 되면 살아있는 유기체처럼 사용자로 하여금 애착까지도 느끼게 할 수 있을 것이다. 니코스 앙겔로스 살링가로스 Nikos Angelos Salingaros는 말한다. "우리 사회는 항상 처음부터 시작하려는 경향blank slate hypothesis이 있어, 시대의 사회 구조structure를 파악한 뒤 이를 바탕으로 다시 처음부터 지으려고 한다."[1] 과거에도 형태나 환경에 대한 지적 반응mind's reaction의 시도가 실패로 돌아간 사례들은 많았었는데, 스티븐 핑커Steven Pinker는 "도시 계획가들은 녹지, 장식 그리고 사람들을 바라보는 행위people-watching, 친밀하게 모이기 위한intimate social gathering 아늑한 공간에 대한 욕구는 모두 사회적으로 형성된 신기루social construction이며 원시적인 역사적 산물archaic historical artifacts이라고 지적하였다. 따라서 이런 욕구는 질서 있는 도시 디자인, 과학적 원리에 의해서 최적화된 도시를 설계하는데 방해물이라고 생각하였다."[2] 하지만 인간은 양식style이 아닌 진정한 의미의 공간을 원하며, 우리는 이런 욕구를 채워주기 위한 인터랙티브 건축의 역할을 이해하여야 한다.

우리는 더 이상 건축을 보호와 거주를 위한 공간만으로 생각하지는 않는다. 우리는 공간의 경험을 중시하며, 이는 많은 요소들—조명, 음향, 재료 그리고 같은 공간을 쓰는 동료들—에 의해서 좌우된다. Future Cities Lab의 *빛무리*는 이런 많은 요소들을 연결combine하여 사용자에게 동시에 소통한다. 빛무리 또한 우르바나의 프로젝트 *5월/9월*처럼 음향을 발신하는데, 다른 점은 공공의 로비 공간에서 전략적으로 음향을 사용한다는 점이다. 소리는 맥박처럼 발산되고 이는 빛의 폭포cascades of light로 증폭된다. 혼란스러운 소리의 패턴을 단순화시켜, 로비에 있는 사람들이 이 소리를 인지하여 느끼고 상호작용할 수 있게 하는 것이다. 로비나 사무실 같은 공공 공간의 소음은 공간 인지에 큰 영향을 준다. 호텔 로비를 보면 의도적으로 공간의 소음을 제어해 전반적인 공간의 질을 높이려고 시도한다. 공간내부의 재질을 선별하기도 하지만 대부분의 경우 잔잔한 스피커ambient speaker로 제어하려고 한다. 자동차 산업의 경우에는 하만 산업

Harman International Industries에서 생산되는 소음제거noise-cancellation 기술을 쓰기도 하지만 건축 스케일, 또한 건물 상황의 복합성을 고려하면 실제 적용하기에는 적합하지 않다.[3]

소음은 보통 우리가 공간을 이해하거나, 그 공간에서 행동하는 것, 혹은 작업하는 방식에 좋은 영향을 끼치는 경우가 많다. 여러 가지 연구에 의해서 우리의 행동과 인지cognition는 소리에 영향을 받는다고 알려지고 있다. 시카고 대학의 연구에서는 소리와 창의력의 직접적 관계를 연구했다. "어느 정도의 주변 소음ambient noise는 창의력을 고무시키는데 좋은 영향을 끼쳤으며, 완벽한 고요함은 집중에는 도움을 주지만, 창의력에는 방해가 되었다."[4] 우리는 흔히 차음acoustic insulation이 완벽한 것이 사무실 환경에 적합하다고 생각하지만, 그보다 전화대화 같은 소음을 좀 더 편안한pleasant한 새소리나 파도소리로 바꾸는 것이 쉬운 대안일지도 모른다. 소음은 우리와 환경이 연결되게 해주는 요소 중 하나이다. MAB Architecture의 플린토스*Plinthos* 파빌리온은 상호작용적인 장치mechanism를 단순히 부수적으로 설치하는 것이 아니라 건축 재료materiality의 일체화된 일부로 만들어 방문객의 감각적인 경험을 증대시키는 강렬한 방식을 취하고 있다. 그가 점토벽돌clay brick을 사용한 이유는 가장 흔하고 기본적인rudimentary 재료이면서 인간적인 스케일(크기 자체가 작기 때문에)이라는 점과 다른 현대적 재료에 비해 파빌리온 전체 외관의 견고함과 내구성reliability를 표현symbol하기에 적당하다고 생각했기 때문이다. 하이테크와 로우테크(벽돌)의 시적인 조합은 상호작용이 일어나는 공간에 자연스런 느낌을 부여한다. 이 조합은 또한 벽돌과 관계가 없는 투명함material of transparency을 부여하여 빛, 소리 그리고 환기air의 조절을 가능하게 한다. 루아이리 글린Ruairi Glynn과 알마낙Almanac이 디자인한 *BALLS!*는 아룹Arup HQ의 아트리움을 드라마틱하게 변화시키는 것뿐만 아니라 건물의 보이지 않는 데이터를 시각화시켜 주는데, 여기에는 "건물 안의 현재 에너지 사용량, 사무실 내 직원의 수, 인터넷 교통량, 회의실 소리의 정도 그리고 심지어는 마시는 커피의 양까지 보여주고 있다"고 글린은 말한다. 피상적superficially으로 공들이 위아래로 움직이면서 색이 바뀌는 정도로 인식되지만, 중요한 것은 건물 내부의 다양한 현상들을 이처럼 실시간으로 볼 수 있다는 것이다. 여기에는 전체 시스템을 관장하는 메인 프로그램이 없다. *BALLS!*는 실시간으로 건물을 사용하는 사람들에 의해서 연주되는 악기와 같다. 어떤 데이터를 사용할 것인가에 따라서 로비는 경험의 여러 단면들을 보여줄 수 있는 장이 된다. 이는 마치 드럼을 드럼스틱으로 두드릴 건지, 아니면 와이어 브러쉬로 연주할 지에 따라 소리가 달라지는 것에 비유할 수 있다. 아시프 칸Asif Khan의 *Megafaces*는 가장 기본적이고 직접적인 수준의 소통에 기반한다. 디자이너의 의도는 "나이, 국적, 성별, 혹은 주인공athletes인지 관중spectator인지에 관계 없이 모든 이들을 즐겁게celebrate하는 기념비를 만드는 것"이다. 루아이리 글린과 알마낙의 프로젝트들이 개념적으로 복잡한 데이터 세트를 단순하게 표현하는 것과는 반대로 메가페이스는 아주 단순한 개념—인간과 감정적인 관계를 맺는 것—을 복잡한 기술을 통해서 이뤄낸다. 결과는 놀라워서 2014년 러시아 소치에서 열린 올림픽을 기념하여 최초 공개했을 때 15만명이 넘는 사람이 참여를 하였다. 3-D 얼굴 스캐너의 복합적인 작용이 11,000개의 액튜에이터actuator를 통해 거대한 효과를 만들어내지만, 메시지 자체의 단순함이 아름답게 표현되었다.

빛무리 *LIGHTSWARM*
Future Cities Lab

*빛무리*는 인터랙티브한 빛을 사용한 인스톨레이션으로, 샌프란시스코 다운타운에 위치한 예바 부에나 미술 센터Yerba Buena Center for the Arts에 반영구적으로 설치되었다. 인스톨레이션의 크기는 100 피트(30.5m) 폭에 35 피트(10.7m) 높이로 건축가 후미히코 마키Fumihiko Maki가 디자인한 남쪽 입면façade에 1피트(30cm) 두께로 설치되었다. 이 입면은 모스콘 컨벤션 센터 위에 있는 예르바 부에나 정원 yerba Buena gardens을 바라보고 있으며 반대쪽에는 번잡한 영화관과 몇 개의 박물관이 인접하고 있다. 기존의 입면은 내부와 외부를 시각적, 음향적으로 명확히 나누고 있다. 센터 YBCA는 두 가지를 요구하였는데, 하나는 로비쪽에 그늘을 만드는 것이었고, 더 중요하게는 공공이 참여 가능한 인터페이스로 기능하는 인스톨레이션을 요구하였다.

초기에 퓨쳐 시티 랩Future Cities Lab이 입면을 관찰하였을 때 발견한 것은 창유리가 외부의 자동차나 큰 음악에 반응해 미세하게 진동한다pulse는 것이었다. 이 에너지를 시각화하기 위해서, LED 그래픽 디스플레이가 첨부된 샘플 진동 센서를 제작하여 입면 곳곳에 부착하였다. 센서의 감도를 조절하여 실험 해보니 로비 내부와 외부의 소리로 인해 생

핀 상세

성되는 진동을 감지할 수 있었다. 감지할 수 있는 소리의 종류는 조용한 대화부터 정원을 가로 지르는 자전거의 소리까지 다양했다. 실험 후 그들은 입면에 그들이 "도시 센서"라고 명명한 진동 센서들을 그리드 모양으로 배치하였다. 대규모로 설치된 센서들은 다양한 소리를 인지하고 시각화시킬 수 있었으며, 건물의 외부와 내부간의 대화가 실시간으로 가능하게 하였다.

프로토타입의 단계에서 그들은 건물 입면에 센서에서 감지되는 데이터를 재구성remap하고 중첩시켜 표현해 보았다. 아듀이노Arduino 하드웨어와 그래스호퍼Grasshopper와 파이어플라이Firefly 소프트웨어를 활용해 실시간의 데이터는 그래픽으로 표현되어, 변하는 입력데이타와 표현되는 방식—빛의 밝기를 포함해—의 피드백 루프feedback loop를 만들었다. 이를 통해 현장에서 LED 모듈의 반응을 회전rotation, 스케일, 투명도, 변화 정도gradient를 조절하면서 실험할 수 있었다. 더하여 자율적인 swarming 알고리듬을 써서 이런 효과를 극대화시키고 새롭게 발생할 수 있는emergent 행위가 생겨날 수 있는지 실험하였다. 부분적인 센서에 대응해서 LED 값 하나하나가 변하는 것이 아니라, 알고리듬은 입면

수직적인 관계를 보여주고 있는 인테리어 아트리움 공간

전체의 센서들의 값을 비교해 가장 큰 부분을 판단하고, 이에 따라 가상 어트랙터attractor를 그 방향으로 가속화시켰다. 이 가상의 무리swarm가 지나는 부분은 순차적으로 빛의 세기를 강화시켰다. 빛무리는 계속해서 입면 중에 가장 큰 소리 진동이 발생하는 곳—그것이 안쪽이든 바깥쪽이든, 인간이 만들어낸 소리든 기계의 소리든 간에—을 강조spotlight한다. 사람들이 일부러 소리를 내어 입면에 영향을 주든 아니든 간에, 알고리듬은 가장 작은 소리까지도 쫓아갈 수 있도록 자기 보정self-calibrate을 한다. 이런 방식을 통해, 입면은 근접한 내외부local site, 인근지역adjacent neighborhood 그리고 도시 자체의 미묘한 소리와 끊임없이 반응하게 된다.

완성된 빛무리 인스톨레이션은 450개의 라이트 모듈과 주문 제작된 프레임custom suspended frames로 구성된다. 각각의 모듈은 마이크로 콘트롤러와 LED 모듈을 감싸고 있는 3-D 프린트된 새시, 그리고 이를 보호하는 레이저 커트로 만들어진 laser-cut hand-sewn 뼈대로 구성되어 있다. 주문 제작한 진동 "감지 스파이더"는 투명접착제로 유리에 직접 부착되었다. 보이지 않는 곳에 위치한 프로세서processing sketch는 이 센서들을 통해 실시간 데이터

시간에 따른
인터랙티브한 변화

를 받아 다시 실시간으로 가상 무리swarm simulation을 만들어 낸다. 이를 바탕으로 각 LED 모듈에 밝기를 조절하는 데이터를 보낸다.

결과적으로 로비는 밤낮으로 장난기playfully 있는 빛의 폭포가 역동적으로 밝혀진다. 때로는 그 행동이 불규칙하고 자율적으로 보이기도 한다. 하지만 인간이 의도적으로 개입하는 순간 (유리를 톡 건드린다든지 하는) 빛의 무리swarm는 그 부분으로 모여든다. 이렇게 수동적인 모습에서 능동적으로 바뀌는 변화가 빛무리의 관람자를 만족시키는 개성—때로는 신경질적인듯한—을 만들어 내었다.

입면 연결 방식
다이어그램

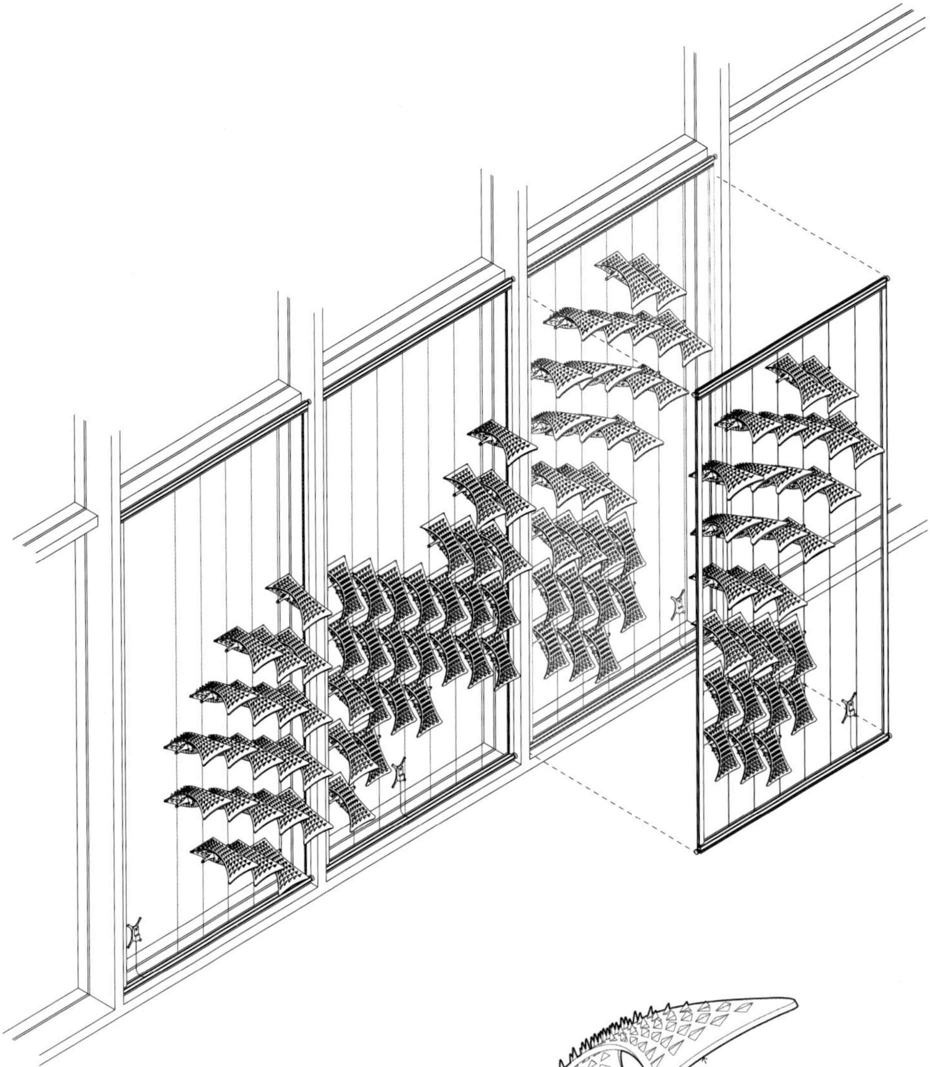

핀 조립
다이어그램

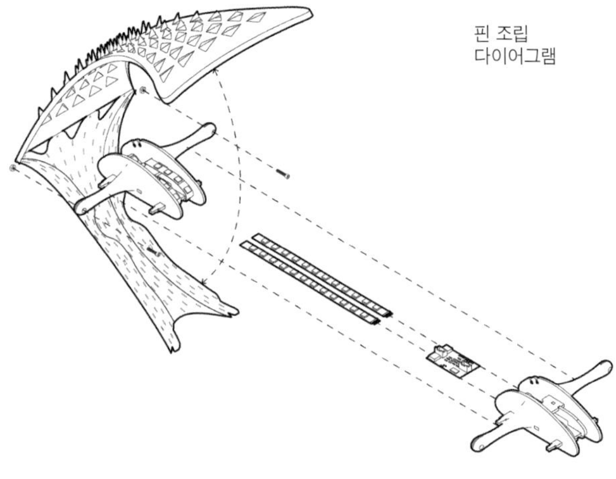

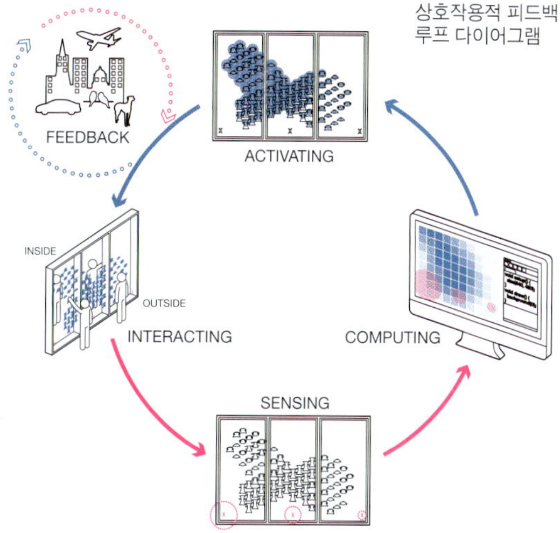

상호작용적 피드백
루프 다이어그램

외부와 내부의
상호작용적 관계
다이어그램

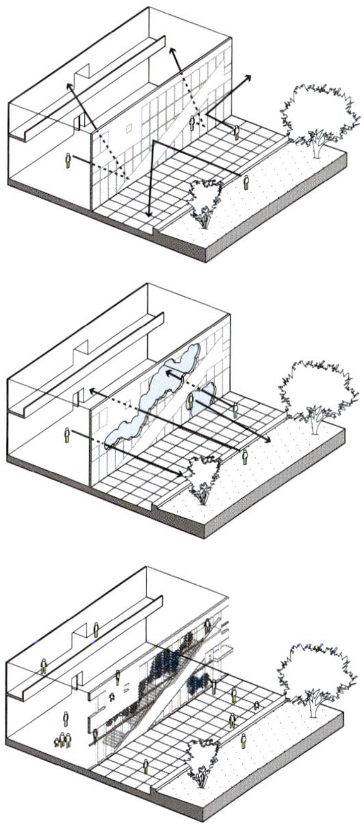

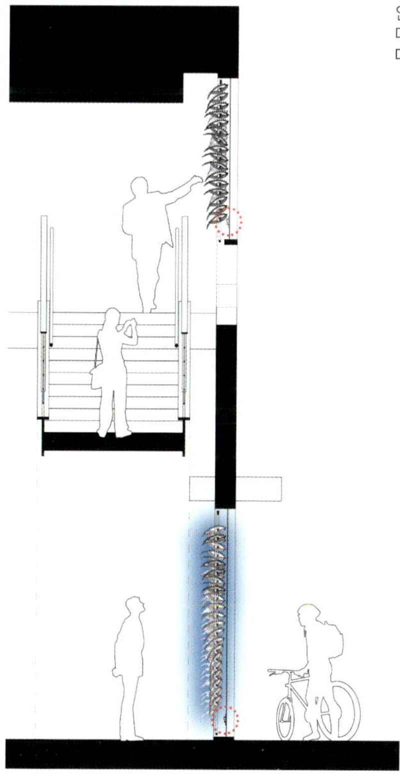

인간과의 관계에
대한 단면
다이어그램

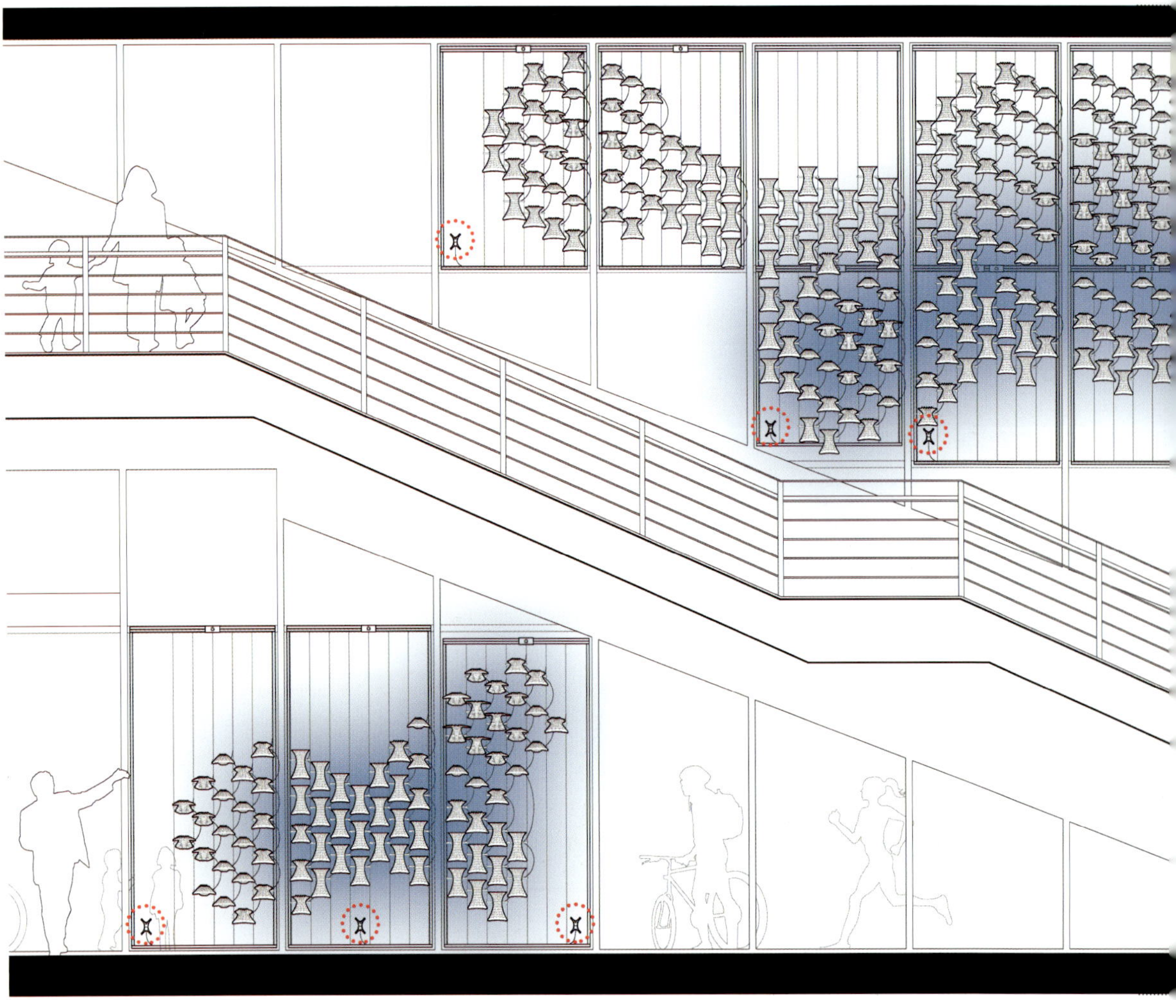

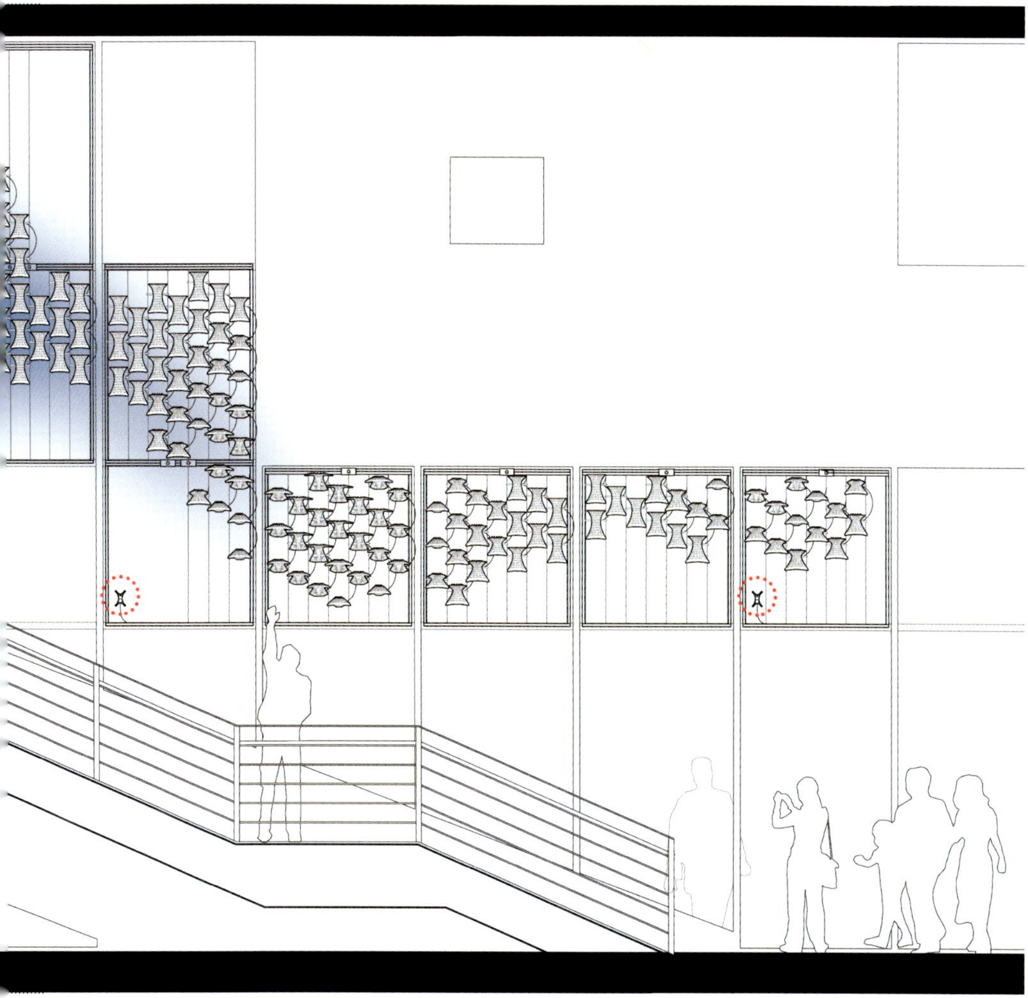

아트리움
내부 입면

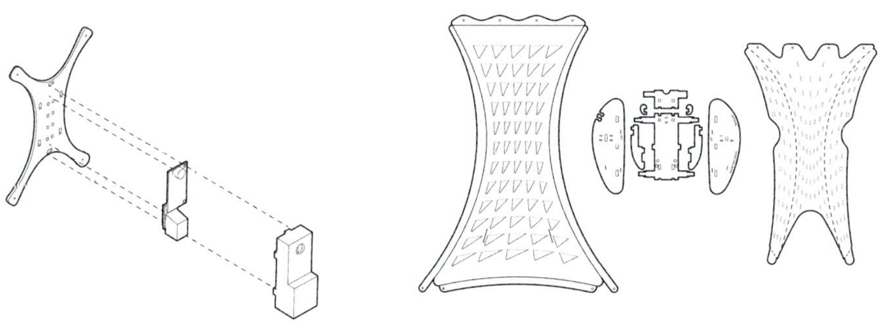

"감지하는
거미"sensing spider와
fin의 엑소노메트릭

플린토스 *PLINTHOS*
MAB Architecture

플린토스 파빌리온은 그리스에서 열린 ID10 인테리어 디자인 쇼를 위해 만들어졌다. MAB 건축사무소는 주최측으로부터 후원업체들이 제공하는 재료를 바탕으로 임시 파빌리온을 제작하도록 의뢰받았는데, 후원업체 중 하나가 점토벽돌clay brick 회사였다.

MAB는 점토벽돌(그리스어로 plinthos라고 한다) 사용에 적극적이었는데, 이는 이 재료가 가장 흔하고, 기초적이면서 전세계에서 수 천년 인류역사상 가장 많이 쓰인 재료이기 때문이다. 벽돌은 휴먼 스케일에 가장 가까우며 단단함과 믿음직함의 상징이다. 따뜻한 색감과 벽돌이 쌓여 만들어지는 벽의 질감texture은 관능적sensual으로 보이기까지 한다. 벽돌의 종류는 전통적인 형태에서부터 지금 생산되는 중앙이 빈 유형(공동벽돌)까지 셀 수 없을 만큼 많으며, 새로운 기술의 발전—벽돌 모르타르brick bonds의 발전 등—으로 벽돌을 쌓는 방식도 끝없이 다양해 지고 있다. *플린토스*에서 MAB Architecture는 이런 특징에 또 다른 특징—투명성—을 더하고 싶었다. 투명성은 점토벽돌에서 보통 연상되는 특징은 아니다. 파빌리온 방문객의 감각적인 경험을 향상enhance시키기 위해서, 인터랙

티브한 메커니즘이 단순히 더해지는 것add-on이 아닌 구조 디자인의 밀접한integral 부분이 되게 계획하였다.

약 2만개의 공동벽돌이 바닥과 벽을 완성하기 위해 쓰였다. 흔히 숨겨지는 벽돌의 천공된(구멍이 뚫린)perforated 면을 보이도록 하여 공기, 빛 그리고 소리가 통할 수 있는 투과성permeable있는 벽면을 만들었다. 천공벽돌로 인해 만들어진 시각적인 연결성transparency은 방문객과 고도의 상호작용이 가능한 통로channel가 된다. 점토벽돌을 제외하고 쓰인 재료는 천정에 쓰인 반사되는 흑색의 피막membrane인데, 이는 거울처럼 보여 실제보다 공간을 더 크게 느끼게 한다.

구조물은 전시장 홀에 설치되었고, 이 홀의 입구는 하나로 흑색의 박스 모양이다. 흑색 박스와 벽돌 벽 사이는 서비스 구역으로 사용되어, 상호작용을 위한 메커니즘은 모두 여기에 설치되었다. 흑색 박스 안에 설치되었기 때문에, 외부 입면은 없지만 대신 외부에서는 내부가 전혀 보이지 않아 극적인 입장이 가능했다. 입장 시퀀스sequence는 세밀하게 계획되어 외부의 밝은 공간에서 어둡고, 단색의 monochromatic 벽돌 인테리어로 천천히 입장하게 된다. 내부 공간은 투과성 있는 벽과 바닥을 통해 환기가 된다. 지속적인 배경음향background soundscape과 벽을 통해 보여지는 확장하는 RGB 빛은 구조를 변환시켜transform 방문객이 상호작용할 수 있는 살아있는 유기체처럼 느끼게 한다.

*플린토스*는 실내에 지어졌기 때문에, 방수나 단열 등은 필요가 없었다. 하지만, 그리스는 지진이 자주 발발하는 곳이라 구조적인 안정성과 안전기준의 고려가 필요했다. 노출 벽돌벽은 이곳에서 흔하지 않은 형태로, 전통적으로 작업하는 벽돌공들은 허용 오차가 상당히 컸다. 일반적으로 모든 벽돌벽은 그 위에 플라스터 마감을 얹어 보이지 않기 때문이었다. *플린토스*에 필요한 기술과 정확성을 가진 벽돌공을 찾기는 쉽지 않았다. 전체 공정이 10일 안에 끝나야 했기 때문에, 효율과 코디네이션coordination이 매우 중요했다. 결국 벽돌공 대신 타일공들이 작업을 진행했고 건물의 완성도를 높일 수 있었다.

시공은 우선 벽돌 슬라브를 설치하는 것부터 시작했다. 바닥면은 폭 40피트(12.2m)에 깊이 27 피트(8.2m)였는데, 이는 파빌리온 벽이 세워지는 카

인터랙티브한 조명 변화들

펫바닥의 역할을 했다. 벽은 10피트(3.1m) 높이인데, 리본같이 유연한 곡면이 내부를 둘러싼다. 벽돌은 최소한의 회반죽(모르타르)grout로 쌓였는데, 일반적인 모르타르보다 훨씬 더 빨리 마르는 타일 접착제를 사용했다. 구조적으로는 벽과 연결된 2피트(0.6m) 폭의 바닥 벽돌은 하나의 구조로 만들기 위해 타일 접착제로 같이 고정되어서 T를 거꾸로 세운 구조가 되었다. 이외의 바닥은 접착 없이 벽돌로 채워졌다. 당겨진 천정 막의 측면 하중은 벽 상부에 스틸판으로 만든 고리ring로 해결하였다.

플린토스 파빌리온은 탐험과 사색의 공간—감각을 위한 성소—이 되어 방문객에게 건축을 새롭게 경험할 수 있는 기회lense를 제공한다. 유연한 곡면의fluid 디자인은 원숙한 솜씨masterfully로 완성된 시성poetics을 통해 방문객으로 하여금 수천 개의 천공된 면과 친밀한 관계를 맺게 유도한다. 단단한 면으로 만들어진 구조와 함께 미디어와 다른 기술이 접합된 몇 단계의 유비쿼터스적 레이어layer가 합쳐져 반응하는 건축 인스톨레이션이 완성되었다. 각각의 레이어(기능)는 특정한 목적outcome을 위해 만들어졌다. 하지만 모든 요소들은, 필요할 때는 서로 소통intercommunicate하여 조화로운 지성orchestrated intelligence을 느끼게 한다.

위에서 언급했듯이, 천공이 보이게 옆으로 쌓여진 벽돌벽 뒤로는 반사되는 백색지가 설치 되어있다. 이는 보호를 위해서라기 보다는 벽 바닥에 설치된 LED 바bar의 빛을 반사하기 위해서이다. 이 조명들은 벽돌 쪽보다는 백색지를 향해 기울어져 내

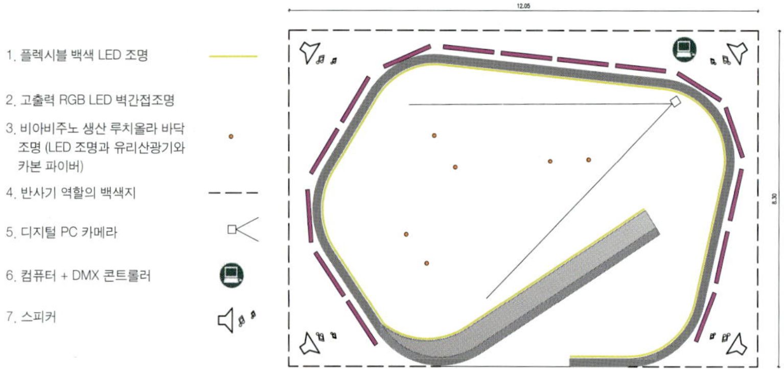

인터랙티브 시스템 다이어그램

1

2

3

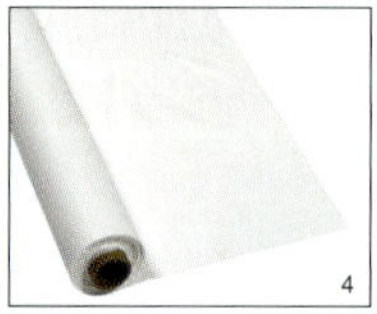

4

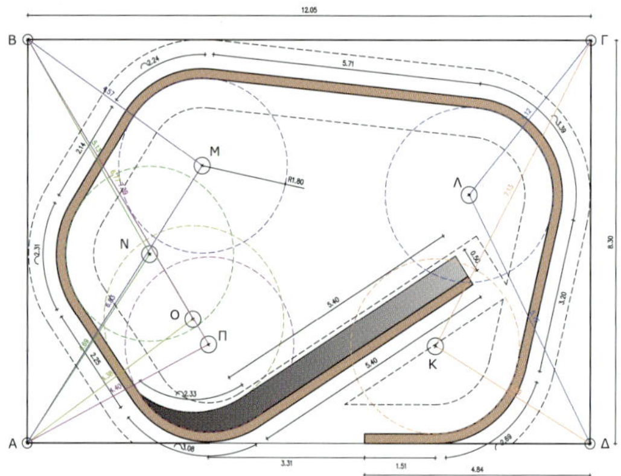

평면

부에서 천공벽돌을 통해서 보이는 빛이 좀 더 균일하도록 설치되었다. 빛은 절대 정지되어 있지 않다. 끊이지 않는 새로운 패턴으로 계속 변하며 내부에서 일어나는 이벤트에 실시간으로 반응한다. 컴퓨터로 작동하는 시각분석 알고리듬이 쓰여져 방문객들의 움직임을 포착하게 되어있는데, 감지범위는 움직임, 사람의 수presence, 위치, 에너지, 사람들의 군집formation clusters 등을 포함한다. 알고리듬은 공간적인 상황spatial occurrences에 대한 다차원적인 정보를 제공해 시스템이 패턴을 인지하여 이에 맞추어 빛을 제어하도록 해준다.

공감각적synesthetic 경험을 만들기 위해, 실시간 음파sonic composition가 빛의 효과에 더해져 몰입되는 느낌을 더 강화하고, 청각까지도 경험의 일부로 만든다. 미리 녹음된 소리 파일이 주 프로세스 시스템에 입력되어 있어, 실시간으로 공간에 맞는 사운드 트랙을 작곡한다. 소리 구성Sonic composition의 여러 가지 레이어들이 소리 파일 중에서 선택되고 또 다른 알고리듬different processing algorithm이 이들을 다시 합쳐 음색sonic 이미지의 풍부한(다양한) 스펙트럼spectra을 만든다. 이렇게 새롭게 만들어진 소리는 내부를 둘러싸고 있는 멀티 채널 스피커를 통

위: 공사중인 파빌리언
우측: 파빌리언 입구 전경

반투명 벽돌 컨셉 이미지

해 전달되고, 반면 오디오 기기들은 보이지 않게 벽 뒤에 숨어 있다.

공간 상호작용이 확장되는 이 공간에는 오디오 이벤트들의 재현의 시발점trigger이 되는 줄기 조명 stem light이 설치되어 있다. 이런 재현reproduction은 더 상위의 성능 통합performative synthesis를 가능하게 하는 구성에 합쳐진다. 특별 제작된 관절 센서 flex sensor가 조명장치에 일체화되어 촉각haptics과 물체의 움직임을 감지한다. 운동의 정도는 소리의 크기sound pressure와 질감texture의 종류(다양성)에 따라 달라진다.

시발점이 되는 빛 움직임의 수에 따라 데이터베이스 유형이 결정되었으며, 이는 *플린토스*의 건설 기간 동안 생성된 기록 매체도 포함되었다. 이런 재료에는 실제 벽돌을 쌓을 때 생겼던 소리들도 포함되어, 예를 들면 때리는 소리, 부수는 소리, 긁는 소리scrapes 그리고 부서지는 소리 등이 있다. 방문객은 이런 소리를 들으며 구조물의 시공과정을 느끼게 되며, 소리에 반응해서 다시 공간에서 행위하고, 인스톨레이션은 반응하는 방문객의 행위에 다시 반응한다.

*플린토스*는 여기에 더해 유비쿼터스 기능을 가

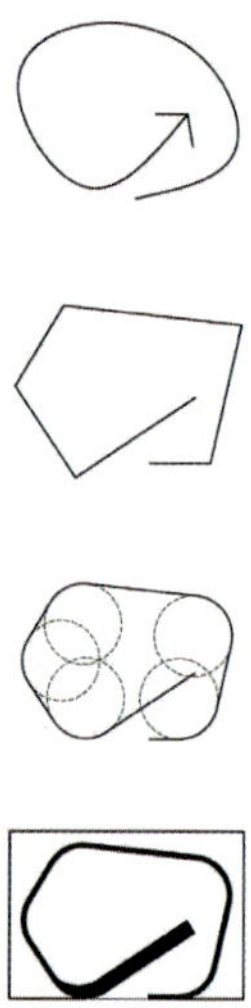

계획 다이어그램

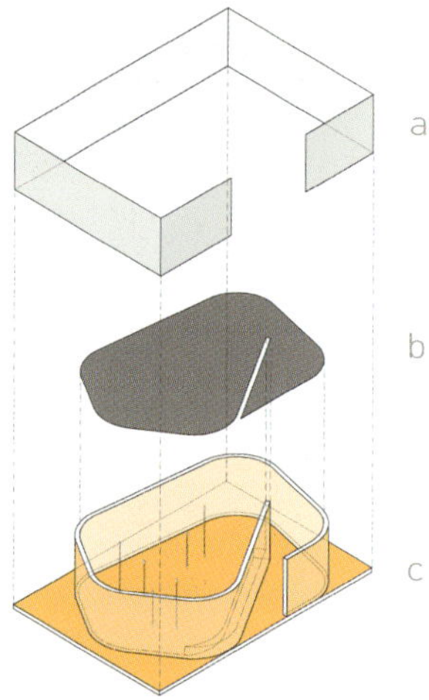

엑소노메트릭 다이어그램

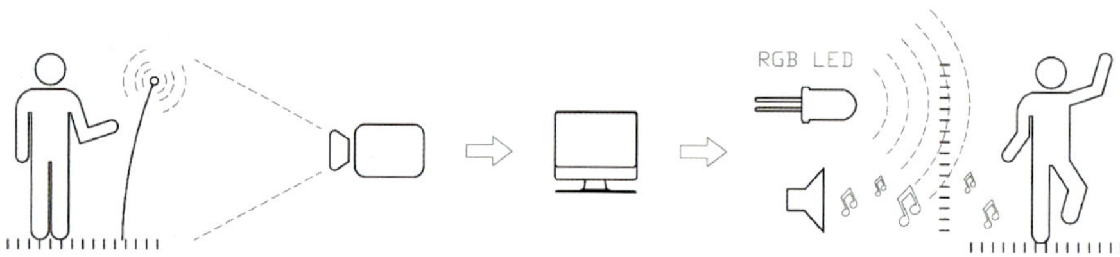

상호작용 다이어그램

지고 있다. 왜곡distort하고, 더 강화enhance하고 지각과 소통을 자극provoke하기 위해, 숨겨진 곳에 근접 센서proximity sensor가 달린 선풍기air fans가 설치되었다.

*플린토스*에 적용된 기술적인 가능성에 대해서 다시 생각해보면, 이 인스톨레이션은 다양한 분야의 시도들practices이 종합적으로 합쳐졌다. 미디어와 기술은 오감을 다루는 공간 디자인에 중요한 요소criteria가 되어, 사람과 다양한 단계에서 상호작용할 수 있는 물리적인 실체가 구현되었다.

따라서 *플린토스*는 다양한 레이어의 지각으로 완성된 건축의 가능성을 탐구하는 작업이며 이를 통해 다양한 감정, 지각, 그리고 욕망을 일으키는 사색적이고 정서적인affective 환경을 창조하고자 하였다. *플린토스*는 감촉의 감성을 자극하고, 고대의 건축술construction의 기억을 떠오르게 하는 거친 벽돌 표면, 그리고 시간의 흐름passing를 자극하는 새로운 기술을 적용하여 과거와 미래를 연결relate시켰다.

위: 파빌리언 야경
좌측: 파빌리온 뒤 조명

공! *BALLS!*
Ruairi Glynn and Alma-nac

No.8@Arup이라는 공모전의 테마의 맞춰서 개발된 *공! BALLS!*은 건물과 거주자 사이의 제어control의 역동적 관계dynamic relationship를 데이터-반응data-responsive에 기초하여 중재intervention하는 것을 목적으로 한다. 오픈-소스 플랫폼을 기반으로 제작되어 건물의 거주자들—개인 및 그룹—은 인스톨레이션을 프로그램하고 제어할 수 있다. 이 프로젝트를 통해 오피스를 사용하는 사용자들은 건물의 행동에 더 깊이 관여할 수 있고, 예상치 못한 반응interaction과 창의적인 결과를 유도simulate하게 되었다.

*공! BALLS!*은 6 x 7 피트 (1.8 x 2.1m) 그리드에 42개의 매달려 있는 빛이 나는 구sphere로 이루어진 작업으로, 각각의 구는 6층 높이의 아트리움 안에서 다른 속도로 올려지거나 내려질 수 있다. 각각의 구는 로봇 윈치winch로 제어되며 오픈소스bespoke 소프트웨어를 통해 움직임, 색 그리고 형태를 제어할 수 있다. 윈치는 유선 DMX 시스템으로 제어되고 LED는 무선 DMX로 제어된다. 윈의 위치는 어떤 층에서도 보일 수 있도록 수직적으로 움직이게 변형customized되어야 했다. 현장에서 트러스에 부착되어 테스트되고, DMX 어드레스를 부여

BALLS! 의
건축도면

하고 난 후에야 설치되었다. 공모전에서 요구한대로 전체 인스톨레이션과 프로그래밍은 48시간 안에 완료되었다.

디자인 팀은 여섯 개의 Arup 부서를 포함한 시공팀rigging company이 주도하였다. 설치installation첫날의 절반은 인스톨레이션을 프로그램 하여 가능한 역량을 보여주고 건물, 사용자와의 관계에 대해 대화를 시도하는 것이었다. 의도는 세 가지의 상호작용을 보여준다. 사용자들과 관계없이 작동되는 연출curated방식, 사용자들이 수동적으로 인스톨레이션에 영향을 줄 수 있는 수동적passive 방식, 그리고 사용자들이 능동적으로 인스톨레이션과 교감할 수 있는 능동적 방식이다. 아트리움의 각 층에 위치한 난간에는 마이크로폰이 설치되었다. 구들은 사인곡선sine wave를 따라 움직이게 프로그램 되었는데 이 곡선은 소음레벨에 따라 증가되었다 (수동적 방식). 구의 색은 시간에 따라서 변하는데 (연출방식) 아침에 파랑으로 빛나기 시작해 오후가 될수록 적색으로 변한다. 마이크로폰은 난간을 건드리는 행위(능동적 방식)에 반응해 모든 구들에 백색의 빛을 파도처럼 보낸다. 설치의 둘째 날에는 다양한 워크샵을 운영하였고, 이를 통해 인스톨레이션의 연출의

주체는 건물의 사용자들에게 넘겨져 프로젝트가 더 진화할 수 있게, 그리고 거주자와 그들의 환경 사이에 좀 더 직접적인 피드백 루프(밀접한 관계)가 생기도록 유도했다.

*공! BALLS!*은 행위의 유발behavior development를 위해 열린 플랫폼open platform을 적용되었다. 구를 움직이는 코드는 Arup HQ의 직원들에게 모두 공개되었다. 자세한 설명서가 제공되었고, 오픈 소스 프로그램인 프로세싱Processing을 사용해 만들어졌기 때문에, 코드를 수정하고 실험test할 수 있는 모든 도구는 누구나 다운로드 할 수 있었다

점심시간에 진행한 워크샵에서는 *공! BALLS!*을 이용한 다양한 적용가능성에 대해 Arup의 직원들과 논의하였다. 직원들의 대부분이 엔지니어여서 프로젝트의 기술적인 부분에 매력을 느꼈지만, 코드에 능하지 않은 행정직이나 시설직 직원들은 바틀렛 건축대학의 인터랙티브 전공 건축 학생들이 도움을 받아 코딩 할 수 있었다. 이 워크샵들은 디자인 팀에 그들의 아이디어들을 반영할 수 있게 해주었으며 이후에는 매일 경험을 하면서 능동적으로 인스톨레이션을 수정하고 개선할 수 있도록 만들었다. 아래에 기술된 내용은 이 워크샵에서 만들어져 나중에 행동을 유도하도록 쓰인 코드의 예들이다.

퍼펫티어(인형놀이)Puppeteer: 손과 손가락이 움직이는 위치를 인지하는 Leam Motion 센서를

아룹Arup 사옥 아트리움에 설치 전경

이용해, 직관적으로 손을 움직이는 것 만으로 구의 색과 높이를 조절할 수 있다. 전달되고transmission, 바뀌고translation, 그리고 확장되어 단순한 손 움직임이 구를 5층 높이 사이를 움직이게 하는 묘한 느낌을 받을 수 있다.

센서 그리드sensor grid: 스마트 시티즌Smart Citizen 오픈 소스 플랫폼을 이용해 Arup 건물의 환경 센서 데이터를 받아 재정리하여 아트리움 안 구들은 3차원 그래프가 되고, 이용자들은 하루 동안 어떻게 환경적 요소들이 바뀌고 있는지를 인지할 수 있다.

월드컵: 2014년 월드컵 기간 동안, 직원 중 월드컵 팬들은 그 날 경기를 가지는 나라들의 국기를 공으로 표현하였다.

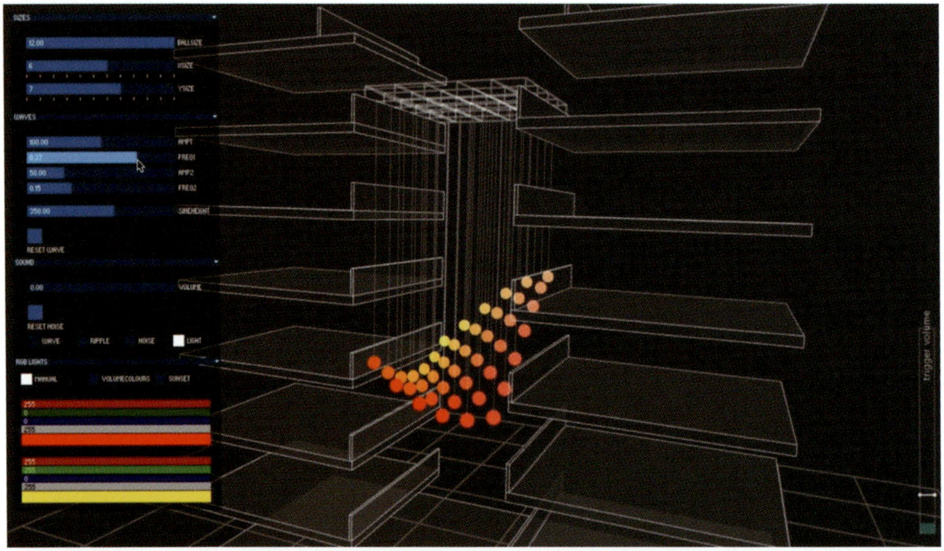

데이터 흐름을 제어하기 위한 Bespoke 소프트웨어

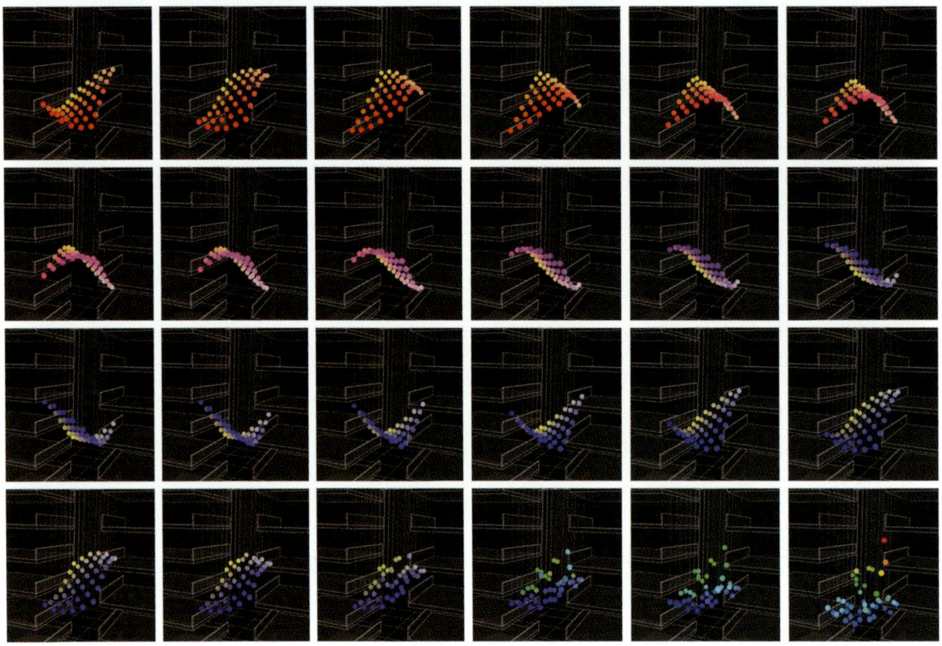

다양한 가능성을 보여주는 다이어그램

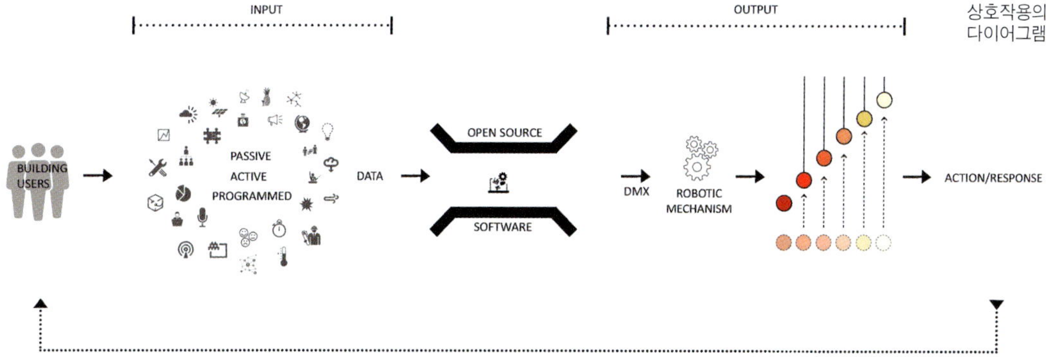

상호작용의 개념적 다이어그램

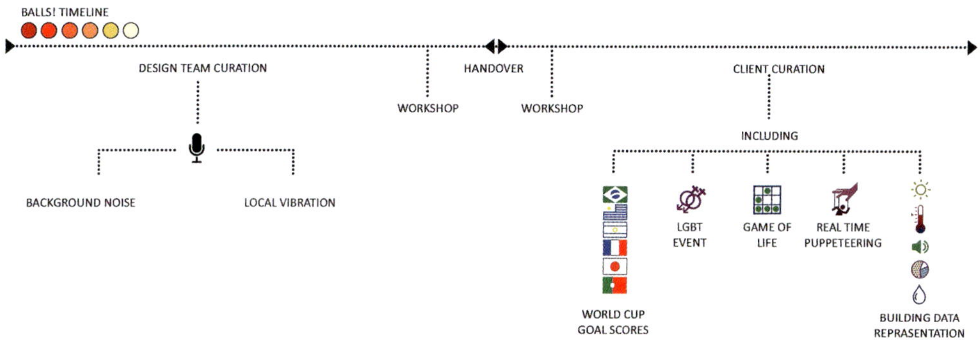

사무환경에서 보이는 볼의 개념적 이미지

인스톨레이션의
설치

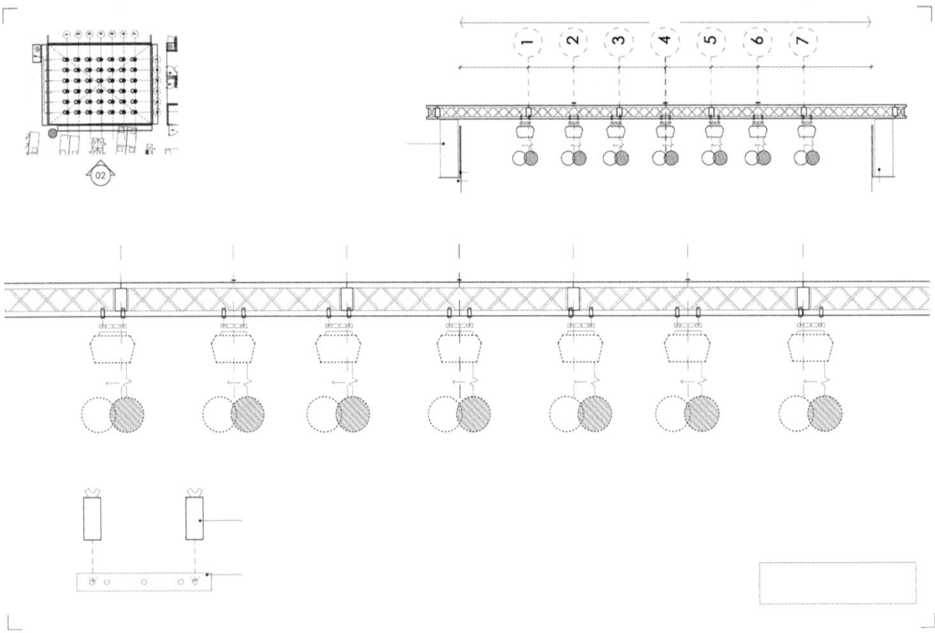

설치 요소들의
다이어그램

아트리움 외부전경

메가페이스 *MEGAFACES*

Asif Khan Ltd.

*메가페이스*는 실험적 건축 인스톨레이션이다. 여기에 적용된 기술은, 움직이며 형태를 만드는 거대한 스케일의 LED 화면kinetic-volumetric LED display, 3-D 스캔이 가능한 사진부스automated 3-D scan photo booths, 3-D 스캔 메시 시스템3-D scan meshing system, QR-코드 카드를 인지하는 테블렛 어플리케이션tablet app that used QR-code cards, SMS 메시지 시스템SMS notification system, 자동화된 3-D 모델링 & 조명 알고리듬Automated 3-D modeling and lighting algorithm, 웹사이트, 비디오 스트리밍 서비스 그리고 이들 모두를 포함하는 파빌리온이다. 파빌리온은 소치 올림픽 파크에 설치된 후 만 오천 명이 경험을 했다. 공모전은 러시아의 가장 큰 텔레콤 회사이며 소치 올림픽 후원자인 메가폰MegaFon이 주최하였으며, 초대방식으로 진행되었다.

주최측은 자신들의 6천8백만 사용자, 러시아 국민 그리고 올림픽을 보는 전 세계 시청자들과 감성적인 교감connection을 원했다. 디자인의 목적은 방문하는 사람들의 얼굴에 따라 화면이 변하는 것이다. 이는 마치 디지털 시대의 러시 모어 석산Mount Rushmore(미국 사우스 다코타주에 위치. 바위산을 조각해 만든 세계 최대의 조각품)이다. 인스톨레이션의 모든 요소는 처음 구상부터 디자인 그리고 시공까지 이 프로젝트를 위해서 따로 제작되었다. LED 형태변환 디스플레이volumetric-kinetic display는 세계 최초이기도 하다. 프로젝트는 시작부터 완성까지 377일이 걸렸다.

입면 디테일

공공 플라자에서
본 인스톨레이션

수 천년 동안 인간은 자연landscape이나 건물 혹은 공공예술에 초상portraiture을 만들어 역사를 기록해 왔다. 우리는 마운트 러시모어Mount Rushmore나 소련시대의 역사적 사실을 형상화하여 조각하는 베라 무히나Vera Mukhina(소련의 표현주의 미술가)의 시대와는 다른 시대를 살고 있지만, 이런 영웅들에 대한 기념비적 조각—대통령이건 혹은 영감을 주는 일상의 인물이건—들이 주는 매력은 아직까지도 매혹적인captivating 부분이 있다. 이제는 인터넷이 우리의 역사를 기록하는 시대로, 이모티콘, 셀카selfies, 페이스북 그리고 페이스타임(아이폰의 영상통화기능)은 우리가 소통하는 보편적인universal한 도구들이며 얼굴 표정은 이런 미디어가 가장 일상적으로 감정표현을 하는 방식shorthand이되었다. 아시프 칸 회사는 사람들의 성별, 국적, 젠더나 혹은 그들이 운동선수거나 관중이거나 관계없이 모든 사람들을 기념celebrate하는 상징물monument를 만들고 싶었다.

만천개의 엑튜에이터actuator로 구성된 *메카페이스*의 형태변환volumetric-kinetic 디스플레이는 방문객의 얼굴을 거대한 스케일의 입체로 만들어 낸다. 얼굴의 표정은 특별히 제작된proprietary 즉석 3-D 포토부스에서 전달되었는데, 이 부스는 올림픽 파크에 설치되기 전에 12개의 도시를 돌며 사람들의 얼굴을 스캔 했다. 전자화된 시스템이 QR코드화된 각각의 얼굴의 순서를 정하고, 이 코드는 각각의 참여자에게 등록 어플로 주어져서, 이를 통해 참가자의 얼굴이 나타날 때 이름이 스크린에 나타난다. 또한 이 시스템은 참여자에게 자신의 얼굴이 언제 나타날 지를 알려주며 이를 SMS 메시지로 보내고 그들의 아바타avatar가 건물에 나타난 비디오를 볼 수 있는 영구링크permalink를 같이 발송한다. 이를 통해 그들의 아바타가 그들 대신에 올림픽 공원에 나타나 올림픽 티켓이 없는 모든 이들이 올림픽 역사의 일부가 되는 것이다. 이들에게 보낸 비디오는 SNS에서 2백만번 이상 전달되었다. 건물에 부착된 디스플레이에 얼굴의 초상이 전시되는데, 한번에 세 명이 보여지고 얼굴의 크기는 높이 8m—이는 실제 얼굴이 3천5백 퍼센트 확대된 것이다—나 되는데, 이는 자유의 여인상의 얼굴보다도 크다. 106개국의 사람들의 15만개의 '자이언트 셀피'가 2014년 겨울 소치 올림픽 기간 내내 전시되었다.

*메가페이스*를 통해, 아시프 칸 회사는 효율적

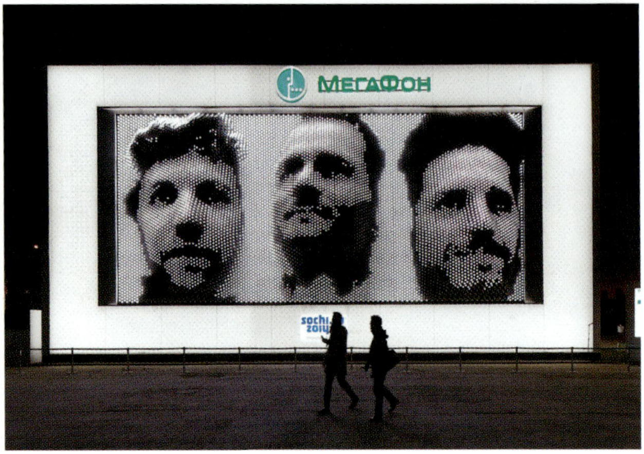

위 및 맨 위:
입면 디테일

위 및 반대페이지:
멀리서 본 해상도

으로 세계 최초의 움직이는 입체 초대형 LED 스크린actuated three-dimensionally actuated large-scale LED screen을 제작했다. 이 동적kinetic 입면은 폭이 59 피트(18m)이고 높이가 26 피트(8m)이며 삼각방식trigonal의 그리드에 만 천 개의 수축 팽창하는 엑튜에이터telescopic acuator로 구성되었다. 각각의 엑튜에이터는 다시 120개의 부품으로 구성되었다. 엑튜에이터는 끝부분에 반투명의 구를 달고 있는데, 이 안에는 고출력의 RGB LED가 있다. 또한 쌍방향 통신이 가능한 시스템에 연결되어 있어 하나하나의 엑튜에이터의 위치를 지정할 수 있으며, 또한 자신의 위치를 시스템에 알릴 수 있다. 하나의 엑튜에이터는 전체 입면에서 한 픽셀의 역할을 하며 높이는 2.4m 정도 변화하며 이미지, 혹은 비디오의 일부로 색을 바꿀 수 있다. 각 초상의 정확도를 높이기 위해서, 스케일 및 위치를 제어하는 알고리듬이 적용되어 주광daylighting, 스케일, 방향rotation, 형태 그리고 색등을 고려해 적합하게 바꾸어 준다.

МЕГАФОН
18:28:35

MEGAFON

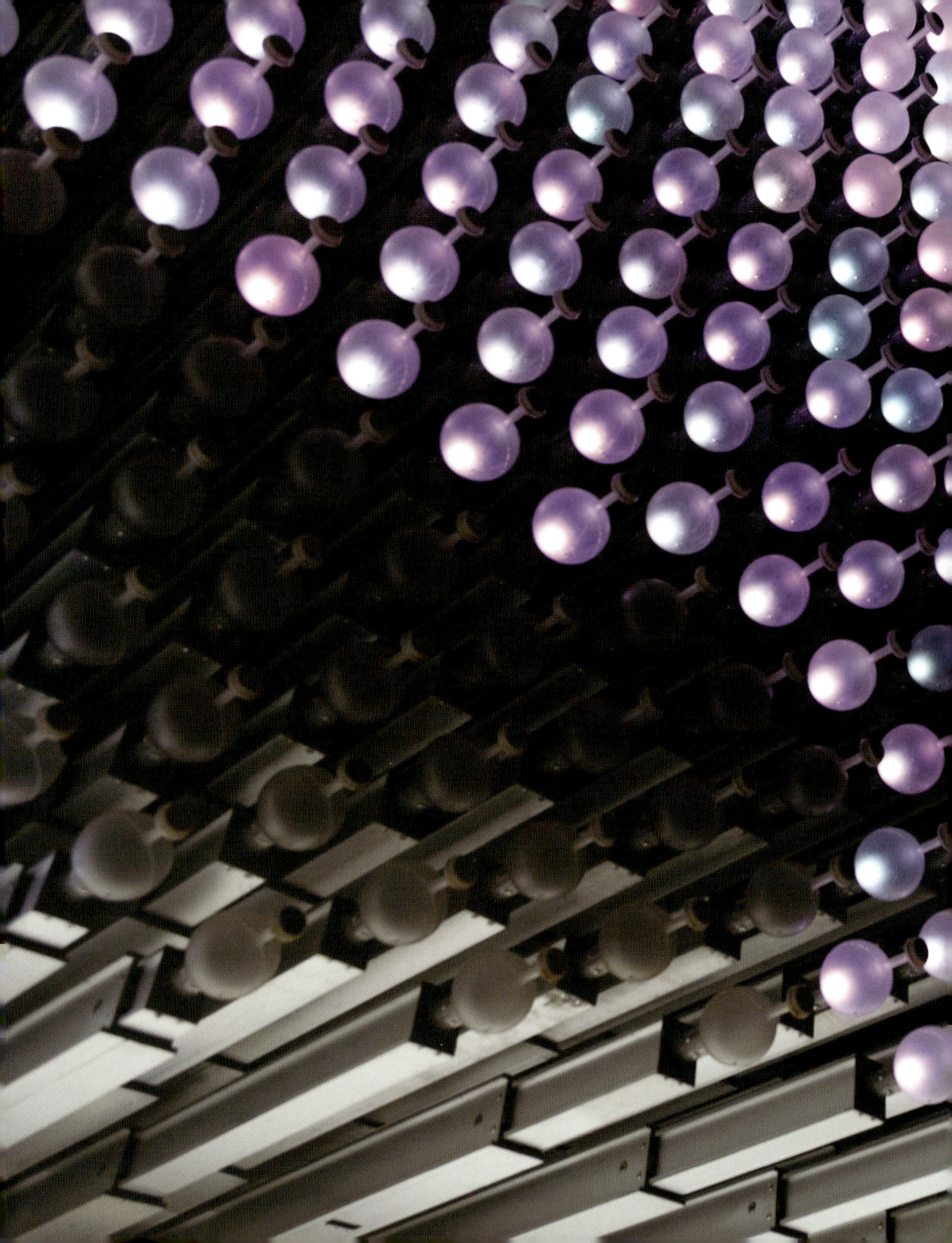

중재하다

정의: 매개체intervening ageny를 통해 행동하다
관계된 단어: 등거리교류equidistant, 마음속에 품은inmost, .
내부의inner, 중간으로betwixt and between, 경계borderline, 회색gray grey,
개재하는in-between
Merriam-Webster 온라인에서 2015년 3월 25일"exhilarate" 찾아봄.
http://www.merriam-webster.com/dictionary/exhilarate.

MEDIATE

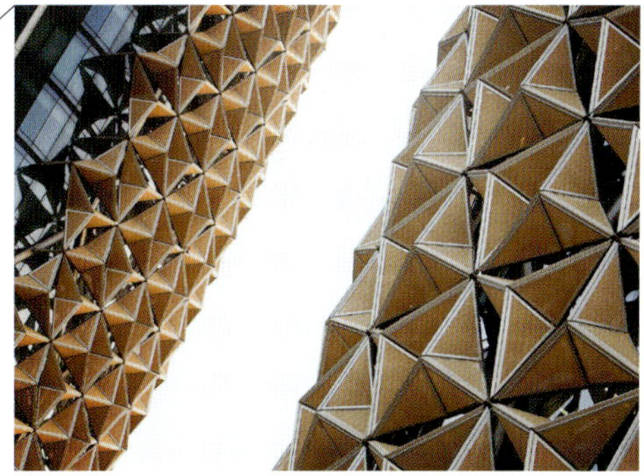

여기서의 중재Mediation는 끊임없는 변화하는 건물의 내부 사용자와 외부환경 사이의 중재를 의미한다. 로마 건축가였던 비트루비우스는 그의 책 건축십서De Architectura에서 좋은 건물의 세 가지 원리를 제시하였다. 견고함(firmitas. 건물은 항상 튼튼해야 하며 좋은 상태로 유지되어야 한다)과 유용성(utilitas, 건물은 사용자를 편안하게 해주면서 맡은 기능을 잘 수행해야 한다.) 그리고 마지막으로 아름다움(venustas; 건물은 사람들을 즐겁게 하고delight 그들의 정신을 고양raise spirits해주어야 한다)이다. 이런 원리에 내재된 본질은 공간 안에 있는 사람과 외부환경 사이의 중재이다. 물론 건물 입면이 인간과 환경 사이를 중재하는 행위는, 개폐가 가능한 창이 생긴 순간부터 시작되었다. 흥미로운 것은, 에어컨과 커튼월이 발명되기 전, 고층 건물의 폭은 30에서 40피트 (9에서 12m) 정도 밖에 되지 않았고, 이런 예전 건물들의 채광 및 통풍이 원활하였다는 사실이다. 하지만 요즘 건물architectural solutions은 외부환경과 격리되어 인공조명과 인공냉난방으로 유지되고 있다. 냉난방 시설이 없으면 고정된 창과 커튼월로 된 요즘의 고층빌딩은 사용이 불가능해진다. 더운 여름날 주차된 차를 경험한 사람들은 잘 알겠지만, 과도한 열을 배출할 수 있는 능력이 없으면 내부환경은 외부보다 훨씬 더 뜨거워진다. 또한 고층빌딩의 개폐식 창은 실용성과는 거리가 먼데, 바람의 세기가 고도에 따라 달라져 지상에서의 작은 산들바람이 상층에서는 제어할 수 없는 강력한 바람으로 변하기 때문이다. 습기와 합쳐진 강한 바람은 주거공간에 큰 문제이며, 사무실 공간의 경우에 더욱 심하다. 게다가 커튼월은 최악의terrible 단열재이기 때문에 커튼월로 마감한 건물은 태양과 바람을 전혀 고려하지 않은 건물 유형이라고 할 수 있다.

다행히도 인텔리전트 빌딩 입면에 대한 많은 혁신과 실험이 계속 되어 왔다. 이런 입면들은 상당히 빠른 속도로 적용되어 왔는데, 건축입면이 중재자의 역할을 하면서 더 경제적이고 안락한 공간을 만들 수 있기 때문이다. 통풍이 가능한 키네틱 패널에서부터 패널 내부에 설치된 미세조류microalgae가 생물반응장치bioreactor처럼 작용해 공해를 걸러내는 공기정화장치같이, 건물에서 가장 큰 혁신을 이룰 수 있는 요소가 입면이다. 이에 대해서는 따로 몇 권의 책이 출간되었을 정도인데, 여기서는 새로운 선구적 프로젝트를 소개한다. 아에다스 건축사무소의 압둘마지드 카라노우는, 알 바하 타워에서 극도의 조건인 아부다비 사막에 전통적인 유리 커튼월을 설치했다. 이 프로젝트에서 보여주는 건축의 경계, 즉 역동적이고dynamic 적응하는adaptive 입면으로 바꾼 혁신적인 방식을 관찰하는 것은 흥미롭다. 마치 이슬람의 전통 마쉬라비야(격자패턴모양)와 같은 느낌의 조각된 면이 있는facted 장미모양리본rosettes의 유리섬유fiberglass는 전체 건물을 모두 둘러싸지 않고, 필요한 곳에만 설치되었으며, 직사광선을 막으면서도 내부 거주자의 시야를 방해하지는 않는다. 건물의 표피skins는 살아있는 유기체같이 하루에도 계속 바뀌어져 문화적, 환경적 환경에 시적으로 대응한다.

사우어브루크 허튼의 KfW 웨스타케이드 타워는 전체적holistic으로 환경을 매개한다. 타워의 전체적인 형태는 주변의 바람을 이용하여exploit 환기가 가능하도록 유선형streamline으로 디자인 되었고, 이런 공기역학적 구조의 도입으로 여러 가지 요인forces들과 반응하는 아름다운 결과물perfomalism이 되었다. KfW 웨스타케이드 타워에서, 우리는 건물의 표피와 구조가 하나가 되어 도시적, 건축적, 환경적, 그리고 인간적인 조건에 반응하는 예를 발견할 수 있다. 건물의 표피의 발전된 기술high technology는 색조의 분위기에atmospheric 사용에 의해 완성counterpoint되며, 이는 길을 따라 움직일 때 색의 변화를 느낄 수 있게 한다.

사우어브루크 허튼의 전체적 접근을 보며, 우리는 공간이 어떤 식으로 존재하고, 그 공간이 특정한 변화를 받아들이고 유지하기 위해 어떤 작업이 필요한지 알게 되며, 많은 가능성이 있다는 것을 깨닫게 된다. 이런 공간의 최적화spatial optimization는 사용자와 프로그램의 고려사항들의 변화에 대응하는 3차원 구성을 위한 실용적인 대안이 될 수 있다. 공간 적응을 가능하게 하는 시스템의 발전은 최적화의 시나리오scenario가 물리적이면서도 조직적으로organizationally 분석되도록 요구한다. 건축에서 키네틱kinetics은 원인과 결과의 관계를 의미한다. 이런 공간을 디자인하기 위해서는 사용자의 다양함dynamics에 대한 연구, 이런 다양함에 유연하게 반응할 수 있는 능력, 그리고 불확정적 변화 undetermined changes에 대해 반응할 수 있는 적응력이 필요하다. 이런 시도를 위한 출발점은 건축을 기존의 정적이고 단순히 하나의 기능을 가진 공간으로 보지 않고, 실제적인 공간에 대응하며 요구에 따라 계속 변하는 동적인 구성체로 보는 것이다. 폭스린과 브라마 건축사무소Foxlin and Brahma Architects가 디자인한 에코-29Eco-29는 물리적으로 자연스럽게 변하고morph, 공간적으로 적응하는spatially adaptable 웨딩 홀이며 이벤트 공간인데, 동적kinetic인 공간 환경 프로젝트 중에는 가장 큰 스케일의 공간이다. 건축가의 의도는 외부공간의 사용 및 결혼식 행사에서 생기는 다양한 공간 레이아웃을 중재하는 것이다. 건축에 적용할 수 있는 유연한 접근soft approach을 위해 자연에서 모티브를 찾아natural analogies, 컴퓨터와 연결된 모터를 이용하여 동적 형태 변환이kinetically morphing가능한 섬유로 된 스킨 fabric skin을 건물의 단단한 구성confine안에서 기능하도록 고안하였다. 디자인적인 요구사항은 다른 행사를 위해서는 최대한 개방되면서 한쪽에는 스테이지, 다른 한 쪽에는 정원이 있어야 했다. 결과적으로, 공간은 완전한absolute 3차원 형태의 유연성을 가져야 했다.

스튜디오 루즈가르데Studio Roosegaarde와 헤지만스 인프라Hejimans Infrastructure의 *스마트 고속도로smart highway*는 인터랙티브한 환경을 중재하는데 아주 다른far different 접근방식을 취한다. 이 프로젝트의 스마트 도로는 빛, 에너지 그리고 도로표지판을 통해 교통상황과 상호작용한다. 단 루즈가르데Daan Roosegaarde는 인프라스트럭처를 만드는 회사와 공동으로 작업하는 예술가인데, 이들의 목표는 지속가능성sustainability, 안전 safety 그리고 감지perception의 실현이다. 이들은 함께 에너지와 빛에 관련된 혁신적인innovative 프로젝트 application을 만들었다. 예전의 스마트 도로의 주된 주제는 주로 자동차에 관한 것이었다. 여기서 혁신적인 사항innovative point은 자동차가 아닌 도로 자체가 지성 intelligence를 가지는 것이다. 도로 지성은 아직 진행되고 있는 작업이지만 아이디어는 환경 안에 있는 물체의 지성뿐만 아니라 환경 자체에 대한 디자인을 생각하면 거대한 스케일에서 건축의 경계를 중재 할 수 있다는 측면을 고려하자는 것이다.

알 바하 타워 AL BAHAR TOWERS

Abdulmajid Karanouh, Aedas Architects

자연과 문화는 고층건물skyscrapers의 혁신적인 디자인적 영감을 주는 가장 지속적인 원천이다. 알 바하 타워는 이 두 가지 분야에서 모두 영감을 받았다. 진보된advanced 탐지 시스템 설치는 지역의 기후에 직접적으로 반응할 수 있도록 하며 동시에 문화적 문맥을 고려하여 디자인 되었는데, 중동지역의 전통적 이슬람 건축의 요소인 *마쉬라비야 mashrabiya* 스크린 모양을 따르면서 동시에 각 유니트의 다이나믹한 움직임은 해를 따라 움직이는 자연의 식물의 반응을 상기recall시킨다. 건축가들은 자신들의 의도approach를 실현시키기facilitate 위해 파라메트릭parametric 모델링 및 알고리듬의 복잡한sophisticated 테크닉을 적용하였다. 이런 컴퓨터 프로그램의 적용으로 자신들의 디자인 개념을 원래 의도에 부합하도록 완성refine할 수 있었다.

디자이너들이 고민하는 것은, 항상 변화하는 상황environment속에서, 제한된 예산으로 얼마나 효율적으로, 사용자에게 최적의 안락함comfort를 제공하는 가이다. 최종적으로 디자인을 결정함에 있어 디자이너들은, 친환경 규정green regulation과 관련된 인증을 받는 한편, 동시에 표준화되고 엄격한 산업기준standardized and rigid industry을 준수하면서 실용적

랜드스케이프,
에너지 그리고
구조적 성능에서
비롯된 디자인으로
인해 생성된 차광
요소의 유기적인
형태와 기하학
패턴

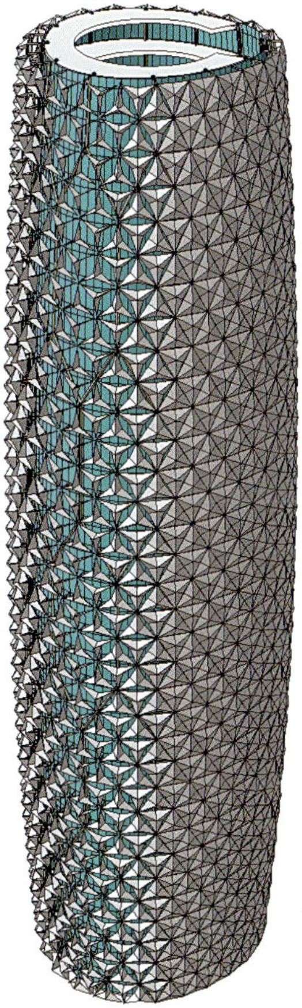

마쉬라비야 입면
이 적용된 타워의
개념 이미지

마쉬라비야 입면
시스템 디테일

전통적인 마쉬라비야
차광 스크린

게리 테크놀러지 Gehry Technologies 가 만든 디지털 프로젝트 소프트웨어를 이용해 구상된 유닛 디테일

이고 효율적인 해결책을 찾아 만족시키는 방법을 고민할 수 밖에 없다.

이런 많은 고려사항들을 감안하면서, 정적이지 않고nonstatic, 하나의 방식으로 모든 것이 가능하게 하는one-size-fits-all 해결책을 찾는 것은 쉬운 일은 아니다. 우리는 자연에서 유사한 문제에 대한 많은 해결방식을 찾을 수 있는데, 자연의 시스템들은 밤과 낮, 혹은 계절에 따라 계속해서 제어되고 적응하기 때문에 정적인 것과는 거리가 멀기 때문이다. 이 프로젝트에 적용된 개념적 디자인은 자연에서 가장 영향을 많이 받았으며, 이는 해의 움직임을 따르는 독창적이고novel, 스마트한 태양막sun screen이 탄생 되었다.

지난 20년동안, 유리로 구성되는 커튼월은 페르시아 걸프 연안의 일반적이거나 중요한iconic 오피스 건물의 외피로 사용되어 왔다. 의뢰인이나 사용자는 유리로 만든 외피가 당연하다고 생각했는데, 이는 오랜 시간 정부에서 후원sponsor되고 장려encourage되었기 때문이었다. 따라서 이런 상황market을 다시 교육하고reeducate하고 사고를 뒤집는데 까지reorient expectations 많은 시간이 필요 했다. 아에다스 디자인 팀은 역동적인dynamic 마쉬라비야 스크린을 시공함으로써, 외부로 드러나는 전면 유리 입면 유형과 다른 유리의 투명성에 대해 재고할 수 있는 좋은 기회라고 생각하였다. 이에 아부다비 정부authorities (비환경적인 유리입면보다) 또한 행정적 지원을 아끼지 않았다.

타워를 위한 설계지침design brief은 건물이 아부다비 투자 협회Abu Dahbi Investment Council (ADIC)의 정신ethos를 보여줄 수 있으면서도 아부 다비의 배어있는 문화적 전통을 현대적으로 재해석contemporary idiom하는 것이었다. 이슬람 지역의 건축, 지속가능한 기술sustainable technology 그리고 자연에서의 영감이 ADIC 타워의 세 가지 기반이 된다. 수 세기 동안, 전통적인 중동 건축은 친환경적으로 잘 알려져 왔는데, 바람의 탑(malqaf) windcatcher, 해막이 solar screen, 냉각을 목적으로 한 중정, 환기가 되는 돔ventilated domes, 무카르나스muqarnas같이 자신에게 그림자를 부여하는 기하학subtractive self-shading geometries 등의 많은 요소들이 영향을 주었다. 이런 요소들은 기온이 50도까지 오르고 습기가 100%가 되는 극한적인 기후 조건에서도 생활할 수 있는 안

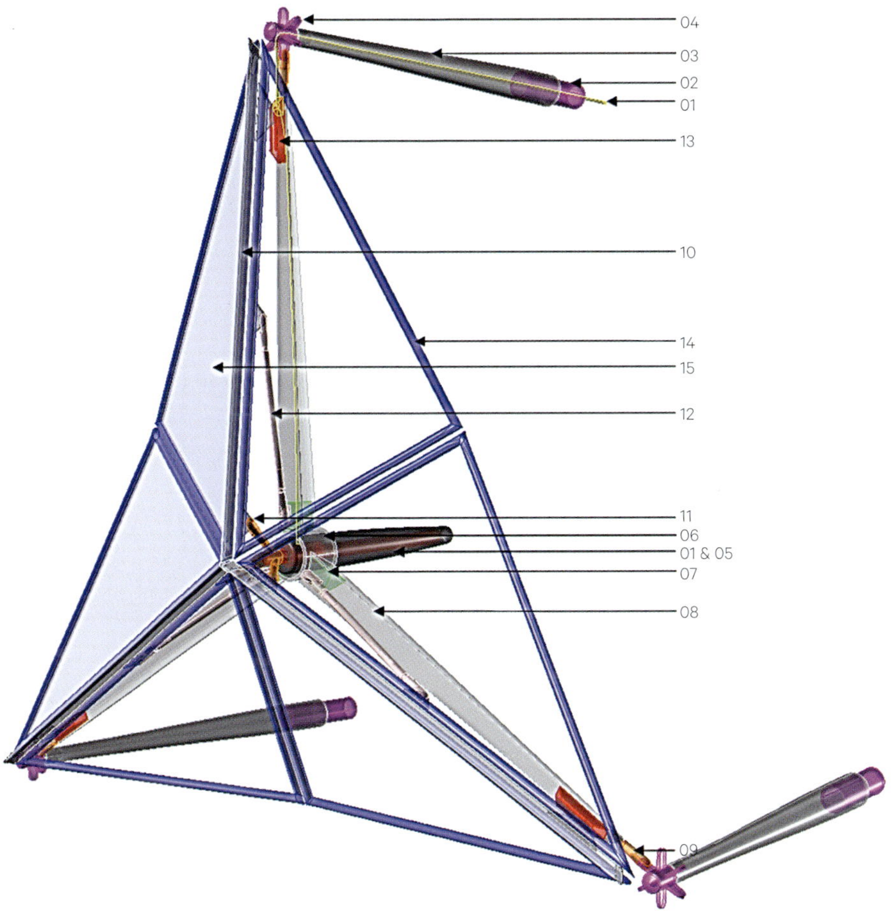

동적 마쉬라비야Mashrabiya 유닛 주요 구성 요소

01 액추에이터 + 전력 및 제어; 케이블로 타워에 연결
02 스트럿 소매; 커튼 월을 관통 및 기본 구조에 연결
03 외팔보 스트럿츠 지원; 소매에 후크
04 스타 모양 핀 연결; 일체화 된 Y-팔의 끝과 연결
05 액추에이터 케이스; 액추에이터 보호
06 Y-구조 반지 허브; Y-팔과 액추에이터를 고정
07 Y-구조 슬리브; 허브에 Y-팔 연결
08 Y-구조 팔; 전체 메커니즘을 지지
09 Y-노드 핀 연결; 스타 연결에 고정
10 Y-모바일 삼각대; 드라이브 및 직물 메쉬 프레임을 지지
11 액추에이터 헤드 핀 연결; 모바일 삼각대에 연결
12 안정장치; 액추에이터 전단력을 허브로 전달
13 슬라이더; 모바일 삼각대가 Y-팔을 따라 움직일 수 있게 함
14 패브릭 메쉬 프레임 및 서브 프레임; 직물 메쉬mesh 지지
15 패브릭 메쉬Fabric Mesh

프랑스 낭트에 위치한 건물을 위한 과학 및 기술센터(CSTB)에서 실험 중인 유닛

스위스 바젤에서 내구성 테스트를 하고 있는 유닛

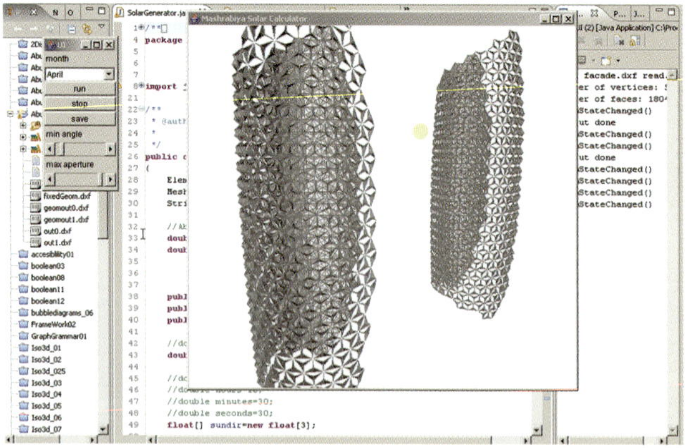

Bespoke 자바 제어 프로그램이 태양의 움직임과 차양 스크린의 반응을 모의실험하고 있다.

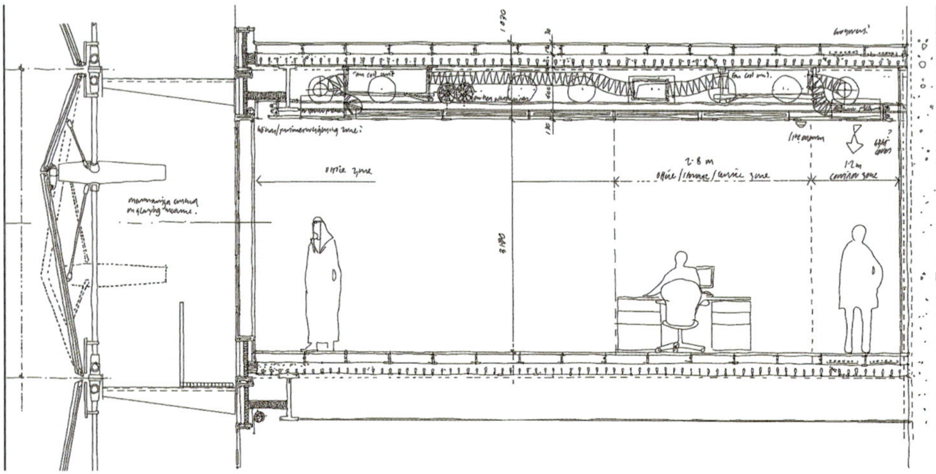

차양 스크린과 타원 내부의 단면 도면

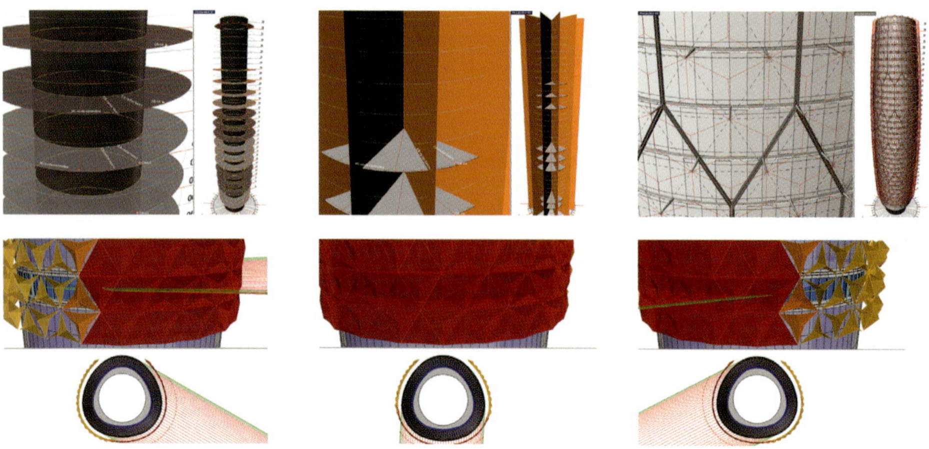

560 페이지의 시공 및 성능 매뉴얼의 다이어그램 일부

마쉬라비야 유닛
디테일

락한comfortable 공간을 만드는데 도움을 준다. 전통 양식을 유치하게 인용하지 않고mockery, 자연적 시스템의 직접적인 모방도 피하고, 과거에 쓰였던 친환경적인 요소를 회복recapture하는 기능적으로 디자인하였다. 또한 생물에서 유래된bio-inspired 방법들을 적용해 건물의 기능performance를 높이려고 하였다. 이 시스템의 가장 핵심 개념은power of the concept은, 컨퓨터 알고리듬computational algorith으로 디자인의 다양한 요구사항principles를 융합merge하여 변화하는 환경에 대등adjust하게 적응adapt할 수 있도록 기능적인 형태와 일체화된 기계화 시스템이었다.

건물의 기하학적인 구성은 무한대로 느껴지는 교차점과 2차원의 원 그리고 구sphere로 이루어진 수많은 마디node로 되어, 이들이 연결되면 익숙한 수학적인 원리mathematical logic를 따른 이슬람 패턴과 유사한 형태를 만들게 된다. 평면의 모양floor plate와 타워의 수직적인 형태 또한 접선하는 원호tangetial arc로 만들어졌는데, 이들은 수학적인 원칙에 따라 만들어져 지적이면서도intelligent, 유연한fluid 형태가 되어 체적-대-외피 비례volume-to-envelop ratio와 자연광 유입natural-light distribution을 최대화 하고 건물 외피와 인프라infrastructure에 부하되는 바람 하중은 최소화하도록 고안되었다. 주요 구조부는 벌집모양honey-comb formation으로 구성되어 효율적이면서 반복적인 redundant 구조가 되었다. 외피는 스마트하게 접히는 키네틱 차광kinetic shading을 사용하였고, 이는 유리 외부에서 차단을 담당하는 레이어screening layer 역할을 하여 건물이 과도한 태양열을 받지 않도록 한다.

상대적으로 밝은 유리층이 타워의 외피에 비바람에 견디는weather-tight 레이어layer가 된다. 여기에

마쉬라비야 유닛은 환경에 반응하는 식물과 유사하게 작동하도록 디자인되었다.

더해 2차적인 레이어에 바로 인텔리전트 자동화된 가림막shading components이 적용되어 태양의 궤적에 따라 제어되는 컴퓨터가 연결된 엑튜에이터에 의해 열리고 닫힌다. 이 가림막shading screen은 역동적인 마쉬라비야mashrabiya가 된다. 태양열의 흡수solar gain 및 눈부심glare를 줄이면서도 유리를 맑게 유지하게 하여 일반적인 어둡고 틴트tint된 유리나 블라인드에 비해 주변시야를 훨씬 더 깨끗하게 보여준다. 이 인텔리전트 시스템은 태양광을 분산시키고, 센서에 연결된 조명조절장치dimmer를 통해서 인공조명의 사용을 최적화하고, 공기냉각에 필요한 에너지를 줄여 전체적인 에너지 사용, 카본 배출 그리고 기계실의 크기를 모두 줄일 수 있다.

이 역동적인 마쉬라비야는 특별한 키네틱 가리막 시스템으로 삼각형이 다시 6개의 작은 삼각형으로 나뉘어진 형태로 우산처럼 여러 각도로 접힐 수 있어 지느러미와 루버 같은 형태를 다양한 방향과 위치로 만들어 줄 수 있다. 디자인 개념은 이파리, 꽃잎처럼 환경의 변화—특히 태양의 위치—에 따라 열리고 닫히는 자연적인 적응 시스템에서 영감을 얻었다. 유연하고 스마트한 접힘의 형태folding geometry는 이전의 수직 혹은 수평 루버의 단점을 보완하기 위해 고안되었으며, 특히 형태적으로 복잡한 건물에도 적용될 수 있도록 만들어 졌다. 각 타

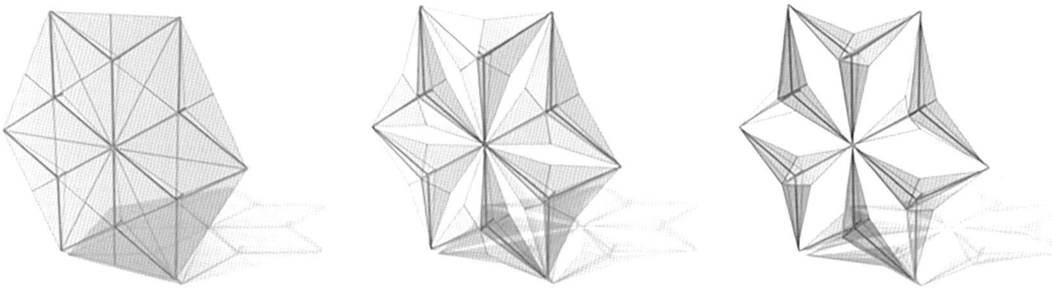

마쉬라비아 유닛 닫히고, 반만 열리고, 완전히 열린 형태

워에는 1,049개의 유니트가 설치되어, 동, 남 그리고 서쪽에 설치되고, 직접적으로 햇볕을 받지 않는 북쪽은 유리가 드러나 있다. 입면의 일정부분이 직접적인 일사광선에 노출되면 그 곳에 위치한 마쉬라비아 유니트들은 접힘을 풀어 유리를 덮는 상태로 변하여 안쪽 유리에 그림자를 드리운다. 태양이 점점 이동하면 이에 맞추어 하나하나의 마쉬라비아 유니트가 점차적으로 다시 열린다.

Y 형태의 구조부위structure arms는 전체 메커니즘을 지지support하고 캔틸레버 버팀대cantilever strut에서 하중을 버팀대 슬리브strut sleeve로 이동시키고, 이 슬리브는 커튼월에 고정되어 타워의 주 구조부위로 하중을 보낸다. 장치mechanism는 중앙에 위치한 전기 스크류-잭으로 작동하는 액튜에이터screw-jack linear actuator로 움직이며, 이는 모래가 많고 열악한 환경에서도 작동할 수 있게 설계되었다. 엑튜에이터의 이동폭storkes은 1000mm(100cm)이어서 장치를 접으면 85% 정도의 열린 공간을 확보할 수 있다. 각각의 층에서 엑튜에이터와 컨트롤러에 전기를 공급한다. 컨트롤 룸에서 데이터를 엑튜에이터에 보내는데, 이는 SCADA 프로토콜Supervisory Control and Data Acquisition을 사용해 전용의 에더넷을 통해 PLC 컨트롤러로 보낸다. 단순하고 정돈된 tidy 접근방식approach를 위해서, 데이터와 전원 케이블은 버팀대 안으로 설치되었다. 아에다스Aedas 연구발전팀은 태양의 궤적과 유니트간의 키네메틱스kinematics와 반응을 시뮬레이션하는 자바 언어를 사용한 독립형 애플릿(다른 프로그램 내에서 실행되는 프로그램)을 사용해 맞춤형 프로그램bespoke program을 개발하기 위해 협업하였다. 시멘스Siemens 컨트롤 시스템이 엑튜에이터의 이동폭 및 작동시간operation-time durations를 프로그램 하기 위해 쓰였다. 이런 움직이는 파사드의 중요한 이점은 사용자들의 작업환경을 개선할 수 있다는 것이다: 자연광으로 조명이 되는 내부공간, 외부 시야가 훨씬 탁 트이고, 방해되는 블라인드가 없으며, 에어컨의 가동시간을 줄여 상쾌하고, 즐거운 요소까지도 생겨난다. 이런 장점에 더해, 마쉬라비아 시스템은 다음과 같은 이익을 제공한다. 20% 에너지 절약 (오피스의 경우 40%까지 절약된다), 탄소 배출 20% 감소, 플랜트 자본비plant capital cost 15% 감소 그리고 친환경 인증 LEED 실버 교부silver certification이다.

알 바하 타워의 다이나믹한 마쉬라비아 솔라막은 적응하는 건물 시스템의 영역의 새로운 기준benchmark가 될 것이다. 다른 기술과 마찬가지로, 이 시스템이 더 대중화되고 상용화 될수록, 가격과 내구성은 점점 더 올라갈 것이다. 여기서 소개된 디자인-시공의 과정은 친환경을 위한 다양한 창의적인 해결방식을 찾아, 건축 분야에 진정한 발전과 효율적인 도움을 줄 것이다.

KFW 웨스트아르카데 타워
KFW WESTARKADE TOWER
Sauerbruch Hutton

*KfW 웨스트아르카데*는 실험적인protopypical 친환경ecological 건물이며 아마도 현존하는 건물 중 가장 친환경적인greenest 오피스타워일 것이다. 타워는 기후 변화climate change 및 자원절약conservation of resources—이는 당연히 우리 시대의 가장 중요한 사회적인 이슈일텐데—에 대응하는데 중요한 역할을 할 수 있다. 공기역학적aerodynamic으로 보이는 단순하고 우아한 외관은, 다양한 도시적 조건을 수용하면서도, 환경적인 문제를 해결하기 위한 복잡하고 진보된 전략을 드러내지 않는다.

독일 서쪽 끝에 위치한 프랑크푸르트에 위치하고 중앙의 팔멘가르튼 공원Palmengarten Park에 접한 웨스트아르카데 타워는 KfW 은행 그룹의 70년대, 80년대, 90년대에 증축된 사무실 건물을 통합적으로 다시 재구성하고 있다. 새롭게 증축되는 4층 저층건물은 북쪽으로 이어지는 중요한 도로인 제펠린알리Zeppelinallee 거리를 따라 지어져 주 출입구의 역할을 한다. 4층 저층부를 기반으로 솟아나온 형태인 이 건물은 14층의 유선형streamlined건물로, 대지 중앙에 위치한 1970년대 준공된 경영진을 위한 건물과 거리를 두고 위치한다. 새로운 고층건물의 형태는 기존 타워의 시야를 방해하지 않고 거리에서

왼쪽 및 반대페이지:
감성적인 느낌이 다른 외부 입면의 다양한 이미지

도 기존 타워가 보이도록 계획 되었으며, 그러면서 도 상당한 면적을 증축하였다. 남측으로, 새로운 저층부는 고층부 및 인접한 노르드아카데Nordarkade와 함께 공동의 중정courtyard를 형성한다. 이 중정은 근접한 팔멘가르텐까지 확장되어 일관된 열린 공간을 만들며, 이는 다시 유기적인 형태의 웨스트아르카데 로비foyer로 이어져 기존 건물군의 분위기를 개선recharacterize한다.

KfW 웨스트아르카데 건물은 실제적인tangible 친환경 건물의 예시로서 700명이 넘는 사원을 위한 수준 높은 안락함을 제공하면서도, 에너지 소비는 최소한으로 줄였다. 구체적으로, 건물의 1년 에너지 소비량annual primary energy demand은 1m^{2}당 100 킬로와트시kilowatt-hours보다 적은 양으로, 기존의 사무실 건물보다 훨씬 더 적은 수치이다. 이 수치goal는 매우 혁신적인 계획과 디자인과 더불어 건축과 엔지니어링 팀의 학제적interdisciplinary 방법, 그리고 건축주의 의지가 합쳐 이루어진 것이다.

외부에서 보면, 친환경적인 접근방식은 타워의 공기역학적 형태에서 가장 잘 들어나는데, 이 형태는 지역의 주 바람 방향 및 바람압력에 반응하는 이중 입면에 의해 결정된다. 이 능동적 입면active

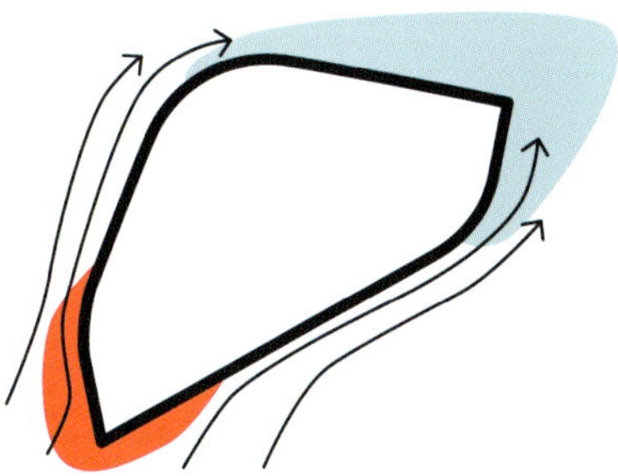

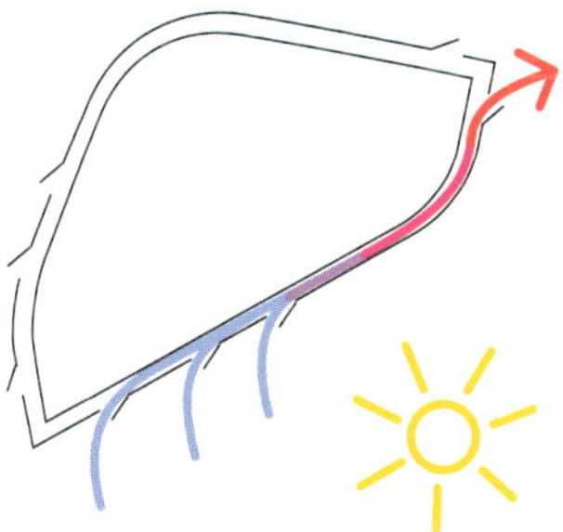

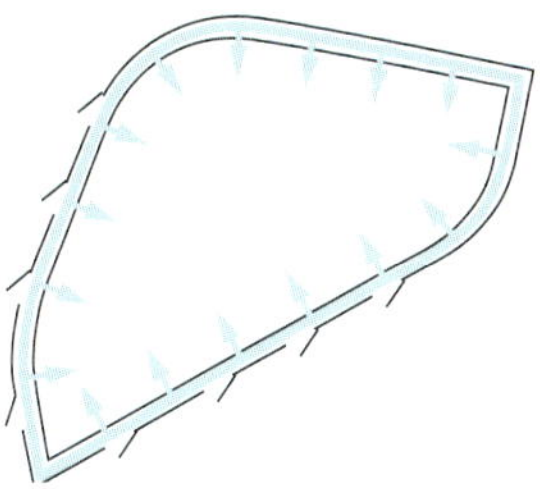

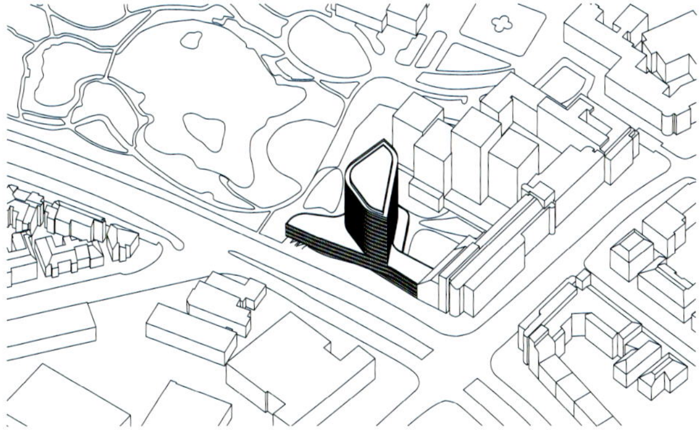

위: 타워와 주변 도시의 아이소메트릭 도면
왼쪽: "압력 링"의 성능 다이어그램

façade은 명확히 부여된 기능이 있는 구조물로서, 성능performative, 기술technological, 도시공간urban-spatial, 물성tectonic 및 그리고 기후atmospheric를 고려해 하나의 완성된 형태가 되었다. 표피는 두 개의 레이어layer로 이루어져 있어, 일반적인 창문이 있는 층은 단일 유리 층으로 구성되며, 사이에 공기 완충층air buffer가 있다. 이를 통해 내부 창에 "압력 고리"pressure ring가 생겨나, 상부 층에서 생성된 난류turbulent weather condition로부터 내부 층을 보호해주며, 높은 층에서도 창의 개폐를 가능하게 한다. 외곽 층은 지그재그의 형태로 건물을 둘러싸아 넓은 면은 투명한 창이 되고 좁은 면은 환기 날개flap가 된다. 주바람 방향으로 계획된 이 날개들은 외부의 조건에 따라 자동으로 개폐되어 온도와 압력이 항상 균일하도록 제어한다. 여름에는 모든 날개가 열려 과도한 열기를 내보낼 수 있고, 완충공간에는 블라인드가 부착되어 각각의 오피스 공간이 원하는 대로 햇볕을 차단할 수 있다.

이러한 개폐 가능한 창문 시스템을 통해, 사무실은 외부 조건에 관계없이 1년 중 8개월 동안 자연환기가 가능하며, 과도한 통풍draft나 열기손실 또한 방지한다. 외부 온도가 섭씨 25도가 넘거나, 10도 이하로 되면 기계적인 통풍 시스템이 팔맨가르튼에서부터 공기를 끌어와, 지하에 설치된 지열에너지를geothermal 이용한 열교환heat-exchange 덕트를 통해 청결하고 신선한 공기를 사무실에 공급한다. 고층건물 부분 깊은 평면(외부에 접하지 않은 면적이 많은 평면 형태)은 구성의 유연함뿐만 아니라 안락한 사무실 및 동선의 편의성을 고려해 계획되었다. 1인용, 2인용 그리고 그룹 사무실은 모두 외부를 향한 창이 접해 있어, 프랑크푸르트의 스카이라인을 감상할 수 있다. 각각의 사무실은 휘어진 형태로 디자인되어 다양한 복도와 연결되어 있다. 이 복도들은 채광, 방향인지orientation 및 시야를 고려하여, 외부 창과 연계되도록 고안되었으며, 또한 바닥에서부터 천정까지 이어진 사무실 유리 문을 통해서도 채광이 된다. 동선 코어는 평면의 중앙에 위치하며 미팅 장소나, 회의실, 우편물실mailrooms 그리고 탕비실 등에서는 복도의 폭이 넓어지며 사라지

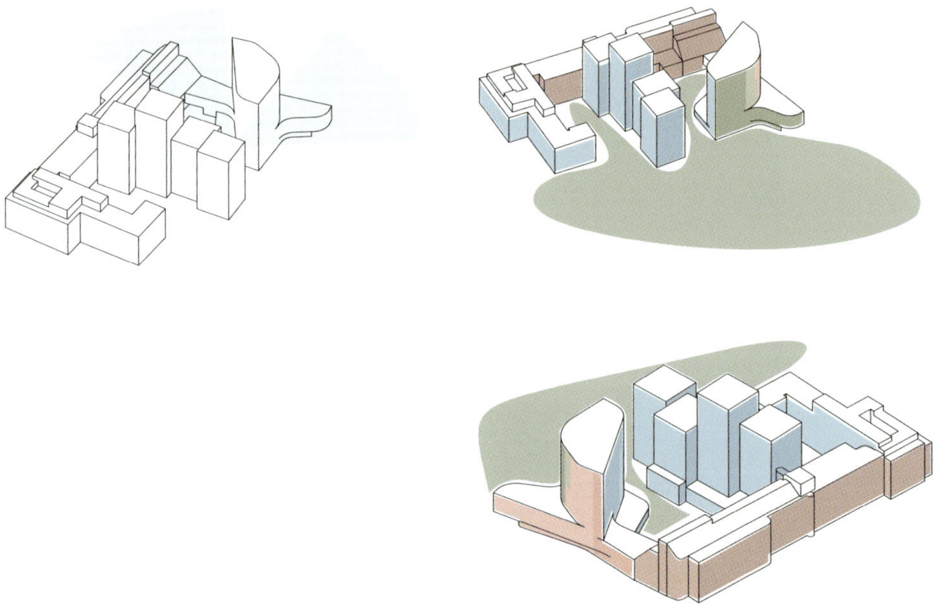

주변문맥에 따라
디자인된 형태
다이어그램

맨 윗줄 왼쪽에서 오른쪽으로: 주변 문맥을 보여주는 1층 배치도; 주변 구축환경에 대응하는 1층, 3층 그리고 상부층 평면

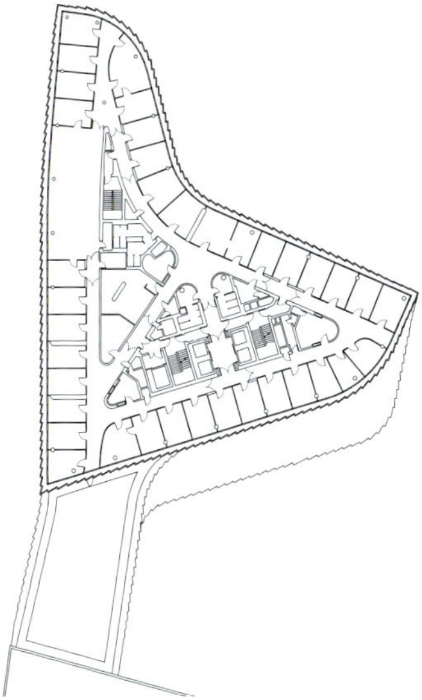

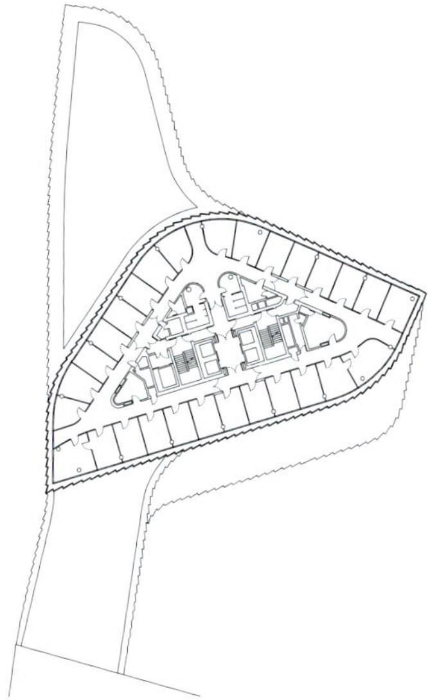

봄과 가을의 환기를 보여주는 다이어그램

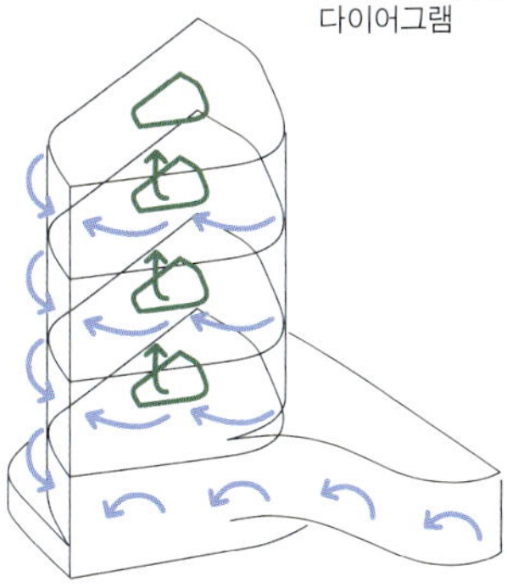

↑ 중앙공간의 기계환기

개폐 가능한 창을 통한 자연환기

여름 환기를 보여주는 다이어그램

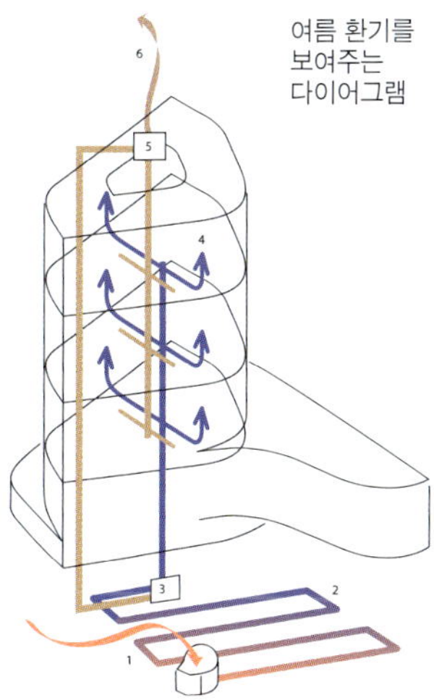

1 팔멘가르텐에서 공기를 유입
2 지열 열교환 기
3 HVAC 센터
4 이중 바닥을 통해 유입되는 공기
5 열 회수
6 계층화stratification를 이용한 배기 샤프트

겨울 환기를 보여주는 다이어그램

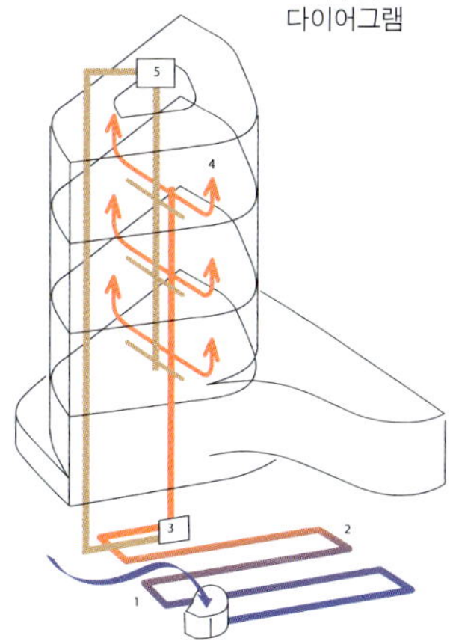

1 팔멘가르텐에서 공기를 유입
2 지열 열교환 기
3 HVAC 센터
4 이중 바닥을 통해 유입되는 공기
5 열 회수

입면 시스템 디테일

게terminate 된다.

길에서 볼 때, 보행자는 몇 걸음만 걸어도 건물의 모양이 변화됨을 느낀다. 건물의 형태 및 외부 표피의 표현은 고층부분 건물이 여러 방향으로 다양한 도시 공간을 접함에 따라 바뀐다alter. 보켄헤이머 랜드스트라세Bockenhimer Landstrasse와 센켄베르간라게Senkenberganlage의 교차로 쪽에서는 높고 좁은 타워로 보여 시각적인 활기를 주고, 북쪽 제벨리날레Zeppelinallee 거리나 소피엔스트라세Sophienstrasse 거리에서 보면 폭이 넓은 형태로 보인다. 곡면의 형태는 교통의 흐름에 대비돼 우아한 형태로 보이고 팔멘가르튼Palmengarten 공원 쪽으로는 은밀한discreet 배경backdrop의 기능을 한다. 이렇듯 작은 걸음으로 한 바퀴만 돌아도 KfW 웨스트아르카데는 여러 방식으로 경험된다. 중성적이고, 날씬한 유리 볼륨volume, 볼록한 곡면의 편평한 표피convex taut skin, 또는 순수한 색채로도 인지된다. 최외부 입면의 좁은 환기 날개에는 세 가지 종류의 색이 입혀졌는데, 각각의 색군color family는 다른 도시공간과 연관이 있다. 녹색은 팔멘가르튼 공원 쪽에, 적색은 프랑크푸르트의 도시에 흔한 샌드스톤과 어울리도록 제벨리날레 거리 쪽으로, 청색과 회색 계열의 색은 좀더 중성적인 색으로 근래에 리노베이션된 같은 회사의 중앙 타워 쪽에 쓰였다.

북동쪽에서 보면 건물은 투명하고 단색monochromatic으로 보이는데, 이는 색이 있는 환기 날개들이 남서쪽 바람을 기준으로 배치되어, 보이지 않기 때문이다. 반대로 웨스트아르카데 앞에 서서 고층부분의 남쪽 코너를 올려 보면, 무수한 적색과 청색의 조합이 타워 끝을 향해 오르는 느낌을 받는다. 웨스아르카데의 유선형의 형태와 지그재그한 표피, 그리고 다양한 색의 입면은 건물의 친환경적인 에너지 컨셉을 보여준다. 특히 이들은 곡면의 넓은 면 쪽에서 색의 변화 및 날개의 형태가 가장 잘 느껴진다. 형태, 색채, 그리고 재료들이 합쳐져 *KfW 웨스아르카데*는 도시의 공간에 다양성과 자극을 주며 일상적인 도시의 삶에 활력을 제공한다.

오피스 환기를 보여주는 다이어그램

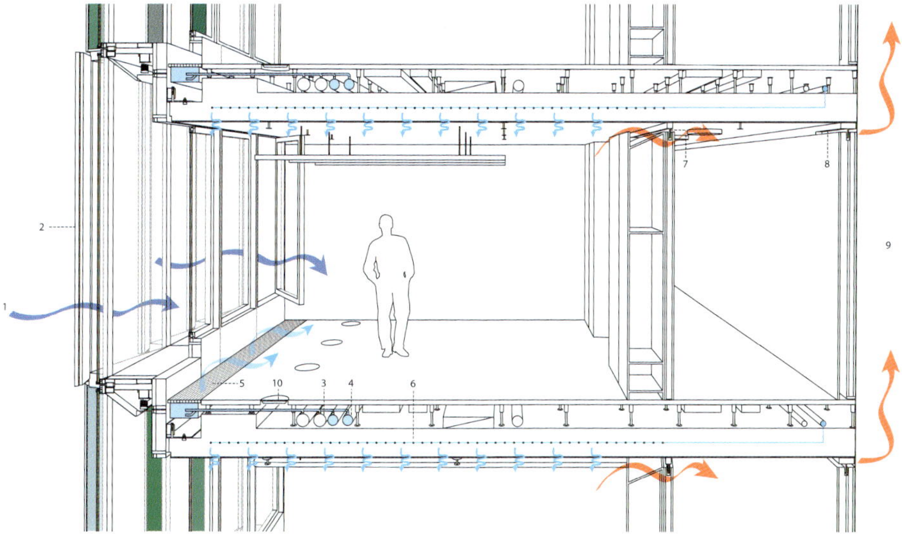

1 신선한 공기 공급
2 에어 환기구
3 중앙 난방 라인
4 중앙 냉각 라인
5 모든 제 2 축에 통풍구 또는 언더 플로어underfloor 대류식 난방기convector
6 열 활성thermoactive 건물 구성 요소
7 사운드 감쇠 공기 오버 플로우
8 중앙 배기
9 자연 계층화를 이용한 수직 배기 샤프트
10 언더 플로어 전기 콘센트

파사드 상세 도면

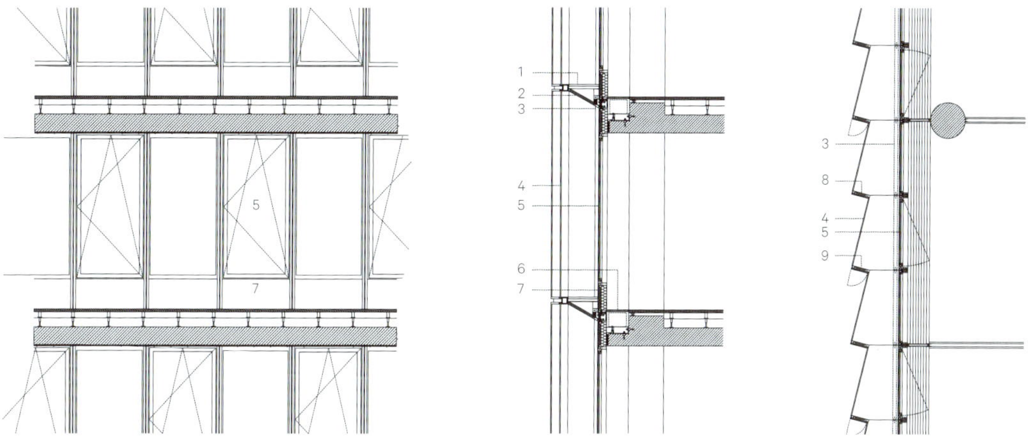

1 위에 이동 알루미늄 시트, 아래층으로 화재 예방을 위한 스틸 시트
2 천공 알루미늄 시트로 덮인 단열재
3 태양 차단: 빛반사 기능이 있는 블라인드
4 2차적 입면 : 낱장 안전 유리
5 주 외관 : 두 개 중 하나의 모듈은 작동 가능한 창임
6 언더 플로어 대류식 난방기 또는 공기 배출구
7 파라펫 : 외부 음향 절연 및 내부 단열재
8 방음 고정 패널
9 두 개 중 하나의 모듈은 여름 냉각 및 방음이 가능하도록 환기 패널 설치

에코-29 ECO-29
FoxLin and Brahma Architects

키네틱을 활용하는 가장 혁신적인 디자인은 특정한 대지에 요구된 뚜렷한 용도site-specific, situational use에서 시작되며, 이런 요소야말로 환경과 인간의 상호작용이 변화하고 진화하는 패턴을 결정하는 인자이다. 초기에, *에코-29*는 결혼식wedding ceremony가 가지는 다양한 레이아웃과 시나리오의 다양함을 수용할 수 있도록 즉각적으로 변화하는 공간을 만들려고 하는 시도로 시작되었다. 이런 개념notion은 이스라엘에 위치한 한 건물에 적용되어, 내부에 있는 수백 명의 사람들을 움직일 수 있게 하는 시설로 발전되었다. 몇 차례의 결혼식을 조사하고 식을 따라 변화하는 공간에 대한 흐름sequence가 분석된 후, 개념은 다이어그램으로 발전해서 공간의 시나리오들을 어떻게 수용할 수 있는지 표현되었다. 또한 팝업 스토어pop-up market나 기업의 런칭 이벤트corporate product launch와 같은 다른 기능을 수행하기 위해서 공간은 최대한 열려 있어야 했고, 한 쪽에는 스테이지, 다른 쪽에는 오픈식의 정원이 연결되어 있었다. 결과적으로 공간은 총체적 3차원적 유연성을 가져야 했다.

결론적으로solution 기계로 움직이는mechanized 벽과 천정을 만드는 것이었고, 이를 실현시키기 위

동적 공간의 외부 및 내부 이미지

한 가장 효율적인 수단은 움직이는 천fabric으로 전체 공간을 입히는clad 것이었다. 몇 개의 개념적인 스케치conceptual rendering가 그려져 미학적인 가능성을 탐구하였다. 재료로 섬유를 선택하면 많은 장점이 있는데, 이미지 투사projection, 조명등이 용이하고, 또한 이동하는데 필요한 기계가 상대적으로 저렴하다는 경제적인 이유도 있었다. 섬유를 가지고 다양한 스케일의 모델들을 제작하였는데, 실험에 선정된 섬유는 스케일에 비해 비례적으로 신축성이 유사한 것이었다. 선정된 특수 섬유들은, 초기부터 디자인에 필요한 명확한 특성을 제공하였고, 천을 부착하기 위한 다양한 방식의 실험을 거쳐, 수직 수평적인 뼈대ribs를 이용하기로 결론지어졌다.

하나의 뼈대는 7개의 모터(5개는 뼈대 자체에 고정하고 2개는 바닥에 부착)를 사용하고, 전체에는 50개의 모터가 사용되었다. 시스템의 양쪽 끝 단은 고정되어 바퀴가 있는 강철 튜브에 올려졌다. 각 뼈대의 다섯 개 모터 중 세 개는 한쪽에, 두 개는 다른 쪽에 설치되고 양쪽 다 구조의 상부에 위치하게 된다. 두 개의 바닥 모터는 바닥 아래에 위치하게 된다. 도르레pulley가 상부 세 개의 부착 지점에 고정되어 모터들이 천을 당길 때 완전히 펴지도록fully

왼쪽 및 반대쪽:
시공 사진 및
실물 크기의 모형
mock-up

천fabric의 동적인
유연성을 보여주는
비교 이미지

extended position 하였다.

일반적으로 이런 고리들은 한 방향에서만 당겨지지만, 여기에서는 연속되는 다양한 방향의 힘에 노출되기 때문에 천의 연결을 위한 두 가지 연결고리가 개발되었다. 천의 연결점은 간단한 매듭이 구sphere에 달리는 것인데, 천을 한 점에서 꼬집는 것처럼 고정되지 않게 개발되었고, 이는 모든 경우의 기본 디테일이 되었다. 바닥의 연결부위는 좀 더 어려운 작업인데, 이는 뼈대들의 길이가 하부부분에서 3m 정도까지 변하기 때문에, 이런 변화를 받아들이면서도 힘을 잃지 않기 위해 바닥의 선을 따라 움직이면서 자유롭게 회전할 수 있어야 했다. 수많은 디자인과 프로토타입이 이 문제를 해결하기 위해서 시도되었다. 결국 윈드서핑 보드에 쓰여지는 방식의 고정된 스크루-드라이브가 바닥에 시공되었다. 뼈대는 천이 고정된 이 움직이는 부위 위에서 오르고 내릴 수 있게 되었다.

천을 생산하는 데에는 두 가지 이슈가 있었다. 하나는 이미 언급된 곡면으로, 펼쳐질 때 모양geometry이 바뀌는 것이고, 두 번째는 뼈대의 지름이 커지면, 트랙에 근접한 하부 선은 다른 각도로 움직이게 되는 것이었다. 열렸을 때 천이 반듯했으면 좋겠다

는 건축주의 의견을 받아들여 전체 천을 바느질sew 할 때 여러 가지 절충안을 제안하였다. 다시 말하면, 천은 최대로 펼쳐졌을 때, 늘어지거나sag 구겨져서는crease 안되었다. 따라서 펼쳐지지 않은 천은 68도 각도로 바느질되어, 완전히 펴져서 하부 부속이 건물 밖으로 이동했을 때 건축 구조물과의 각이 45도가 되도록 해야만 했다. 또한 수평적으로는 10퍼센트 정도 더 당겨지게e-stretch 계획하고 수직적으로는 더 커지는 것telescope을 감안해 3m를 추가하였다.

토크(회전력)의 차이와 속도의 차이를 고려하여 두 가지의 모터가 쓰였고, 전체 움직임을 관장choreograph하기 위해 따로 개발된 소프트웨어가 쓰였다. NEMA 42 고토크 하이브리드 스텝 모터high torque hybrid stepper motor가 쓰여 개당 최대 6 암페어six-ampere peak current per phase 및 최대 300파운드(136.1kg) 견인력peak line pull이 가능하게 하였다. 아치 중앙 부위에서 당기는 모터는 5-1 웜 기어박스worm gearbox 및 도르레가 사용되었다. 기어가 있는 모터는 대용량 도르레를 사용해 기어가 없는 모터의 속도와 유사하게 작동할 수 있다. 무기어 모터들은 작은 도르레와 합쳐져 150 파운드(68kg)의 최대 견인력이 생겼다. 드라이버 들은 별도로 200 볼트 교류와 4 암페어의 전기로 동력을 공급했다. 모터 스풀motor-spool 조합은 최고속도로 1초에 반 피트(0.5m)를 당길 수 있지만 부하를 줄이기 위해서 1초에 10인치(25cm) 작동하였다. 모터의 토크는 속도가 줄수록 같이 줄기 때문에, 기어 및 스풀 사이즈의 선택은 매우 중요하였다. 스풀은 모터의 능력을 고려해 선정되어야 하는데, 작은 스풀은 큰 힘으로 당길 수 있지만 시간이 더 걸리는 반면, 큰 스풀은 모터를 천천히 가동해 토크가 모자라거나 미끄러지지 않게 해야 한다. 이런 이슈들은 하드웨어로 해결되는 경우도 있고, 소프트웨어를 통해 해결되기도 한다. 예를 들어, 토크 문제는 소프트웨어에서 모터의 전압을 올리거나ramp up 낮춰ramp down 가속이나 감속 시 생기는 최대 하중을 줄일 수 있다.

소프트웨어는 각 모터의 운동의 크기, 최대 스피드 그리고 가속의 정도를 조절하고 각 모터들을 전체 범위 내range에서 퍼센티지로 조절한다. 모터가 가동되면 간단한 슬라이더로 보여주는 인터페이스를 통해 변수들은 쉽게 제어된다. 또한 트랙용 모터track motors를 빠르게는 6백회 회전할 수 있게 하고, 기어가 있는 모터는 보통 50회 회전, 그리고 기어가 없는 스풀 모터는 20회까지 회전할 수 있게 하였다. 하나의 드라이버 서킷driver circuit은 6개의 모터를 조절한다. 전체적으로 8개의 드라이버 서킷 보드가 하나의 연속serial 데이터 채널을 공유한다. 명령단위는 2개의 숫자로 된 주소로 어떤 서킷 보드에 어떤 모터인지를 지정한다. 명령은 모든 모터에 한꺼번에 내려질 수도 있다. 모든 명령은 틱tick 단위로 내려지는데, 속도와 가속 명령은 각 1초 당 틱 및 1초 제곱 당 틱으로 계산된다. 한 회전revolution당 틱은 모터 옆에 있는 파워 드라이버에 있는 스위치에 의해 제어될 수 있다. 바닥 모터는 한 회전 당 200 틱이 지정된 반면, 오버헤드 모터overhead motors는 회전당 1,600 혹은 3,200 틱으

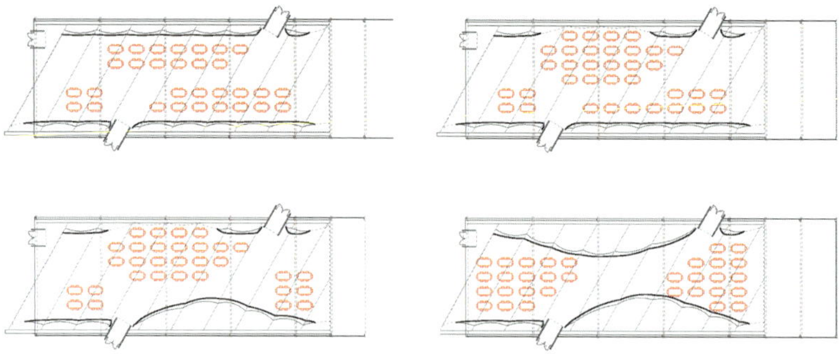

프로그램의
다양성을 보여주는
다이어그램

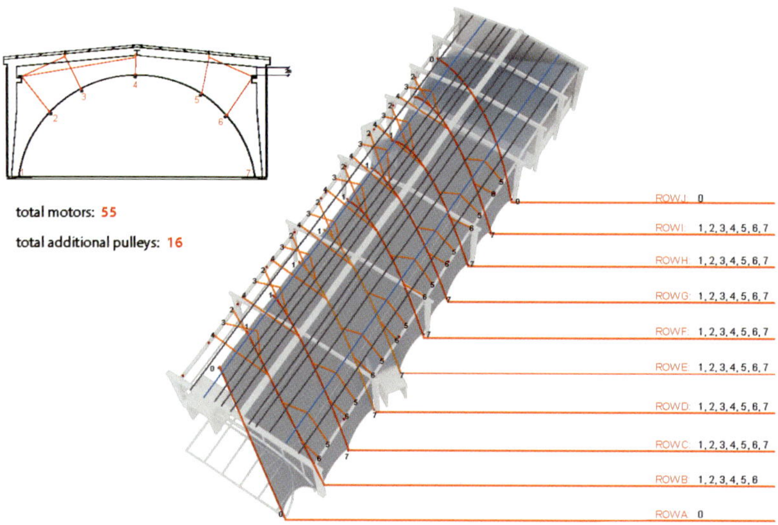

모토와 연결점
다이어그램

로 지정되었다.

추가적인 결정사항으로, 스풀의 스케일을 1인치에서 0.4 인치 (2.5cm에서 1cm)로 낮추고 대부분의 모터에는 스틸케이블steel cable보다 편복선(編覆線)braided line을 썼다. 스펙트라 선Spectra line은 초강도 분자 폴리에틸렌ultra-high molecular weight polyethylene 섬유로 만들어 강도가 높고 잘림방지cut resistant가 되면서도 유연성이 높았다. 무게도 철의 무게의 1/10로 가벼워졌다. 기어가 있는 모터들은 안전상의 이유로 스틸케이블로 고정되었지만 연결이나 헤짐wear에서는 문제가 생겨났다. 천에서 생긴 가장 큰 이슈인 뼈대 사이의 처짐은 15% 정도까지 미리 당기는 것pre-stretch으로 해결하였다. 하부 부분의 기둥pole들이 휘어지기 시작했지만, 미리 당김은 천정 쪽 도르레의 위치를 조정해서 해결할 수 있었다. 최후 공사에서는 작은 미학적인 고려사항들이 반영되었는데 주로 천에 투영되는 이미지projection mapping, 음향 디자인 그리고 이벤트에 맞는 조명 등이 시공되었다.

전반적으로, 이런 프로젝트는 정적인 건축보다 어려운 부분이 있는데, 가장 큰 문제는 통합적인 선례multidisciplinary precedents가 없다는 점이다. 디자

변형 가능성을 보여주는 모델

두 개의 모터 구성

인 과정은 실제 프로젝트를 시공하는 경험 및 새로운 환경이 가능성에 대한 논의가 쌓일수록 용이해질 것이다. 프로젝트는 움직임으로 가능해지는 환경, 공간과 물체들이 이동해 달라지는 상황들—문맥적, 환경적, 그리고 프로그램적으로—을 받아들일 수 있는 공간에 대한 가능성을 탐구하고 있다. 건축에서 키네틱을 활용할 가능성은 이제까지보다 훨씬 더 커지고 있다. 하지만 더 큰 발전은 키네틱 시스템을, 단순히 적용하지 않고 건축 전반의 시스템의 중요한 요소integral component로서 인지하여 디자인할 때 이루어 질 것이다.

스마트 고속도로 SMART HIGHWAY
Studio Roosegaarde and Heijmans Infrastructure

*스마트 고속도로*는 상호작용이 가능하고 친환경적인 도로를 만들기 위해 예술가인 단 로즈가르데Daan Roosegaarde와 시공사이며 개발사인 헤지만스 인프라Heijmans Infrastructure의 분야를 넘나드는 협업true industry에 의해 완성된 작업이다. 로즈가르데의 디자인과 상호작용성interactivity와 헤지만의 전문적 지식과 시공능력이 합쳐져 서로공통의 목적one common goal—네덜란드 풍경의 혁신the innovation of the Dutch landscape—에 부합하는 최상의 능력이 발휘되었다.

1980년대부터 인텔리전트 고속도로에 대해서 많은 논의가 되어왔다. 하지만 이제까지 이런 혁신의 초점은 자동차에 한정되어 있었다. 스튜디오 로즈가르데와 헤지만스 인프라는 이 같은 이슈를 더 큰 스케일로 확장하여 도로에 적용하였다. 여기에는 야간에 빛나는 차선glow-in-the-dark lining, 다이나믹 페인트dynamic paint, 전자 우선 차선electric priority lane, 인터랙티브 조명, 다이나믹한 선과 풍력 조명 등이 포함되며 새로운 요소에는 인덕션 우선 차선Induction priority lane과 도로 프린터 등이 있다. 그들의 목적은 교통 조건과 상호작용하는 조명, 에너지 그리고 도로 표지판road sign을 통해 스마트한 도로

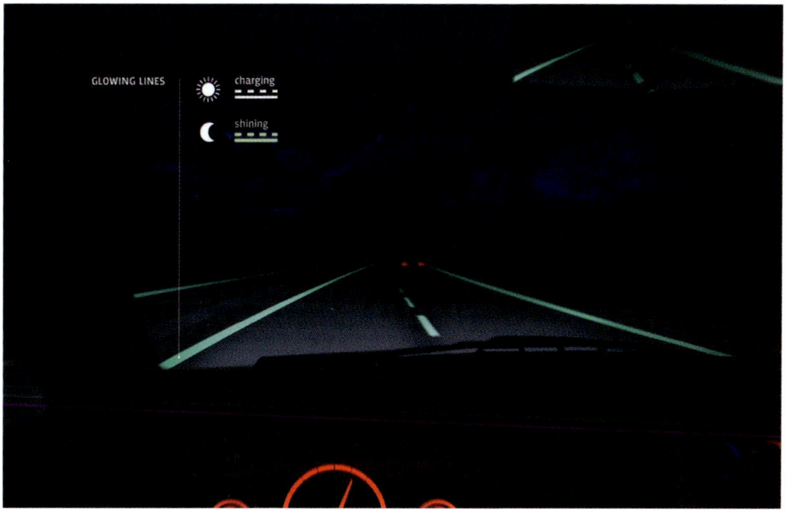

왼쪽: 빛나는 차선

반대쪽:
동적 페인트

를 만드는 것이었다. 친환경성, 안전 그리고 지각perception은 가장 중요한 핵심 개념이었고, 에너지와 조명 그리고 자체적으로 제작된 최신 기술의 도움으로 스마트 도로는 완성될 수 있었다.

빛이 나는 차선(형광차선)은 낮에 에너지를 흡수하여 밤에 은은한 빛을 낸다. 차선의 빛은 길게는 10시간까지 지속된다. 이를 통해 어두운 도로를 위한 일반적인 조명 대신 안전하고 친환경적인 대안이 된다. 네덜란드 오스oss시의 N329 고속도로에 설치되었으며, 향후 전세계적으로 확대될 예정에 있다.

다이나믹 페인트도 유사한 개념인데, 온도에 의해서 빛이 나거나 투명해진다. 이는 도로가 미끄러울 경우 사인을 표시할 수 있다. 운전자들은 도로와 직접적인 상호작용을 경험할 수 있다.

전기 우선 차선은 전기 자동차들이 이동하는 동안 충전을 할 수 있는 도로이다. 전기 우선 차선은 친환경적인 교통을 지원하고 더 적극적으로 사용을 유도할 수 있다.

인터랙티브 조명은 센서에 의해서 조절되는 상호작용 조명이다. 조명은 자동차가 다가올 때 켜지기 때문에 일반적인 조명에 비해 더 친환경적이고 경제적이다. 인터랙티브 조명은 또한 과속을 경고할 수도 있다.

다이나믹 차선은 실선continuous line이나 점선dotted line을 필요에 따라 보여준다. 이는 교통의 흐름과 연동될 수도 있고, 차선의 최대수용 여부에 따라서도 변할 수 있다.

바람조명wind light은 *스마트 고속도로*의 마지막으로 설치될 개념이다. 자동차들이 지나가면서 생기는 공기의 흐름을 이용해서 도로변에 위치한 작은 풍차 터빈windmill들이 작동하게 되고 이를 통해 풍차 터빈에 설치된 조명들이 켜진다. 바람조명은 에너지 중성적energy-neutral인 설비로 도로의 윤곽contour을 드러나게 해서 고속도로의 인터랙티브한 경험에 또 다른 차원을 부여한다.

*스마트 고속도로*는 네덜란드 디자인 상Dutch Design Award과 엑센투어 혁신 상Accenture Innovation Award, 인덱스 상2013INDEX award 2013을 수상하는 쾌거를 이루었다. 이 프로젝트는 미래의 스마트 도로의 가능성을 보여주는 혁신적인 프로젝트이며, 새로운 기술에 의해 생기는 가능성opportunities을 혁신적 사고를 통해 새롭게 바라보는 연결고리가 될 것이다.

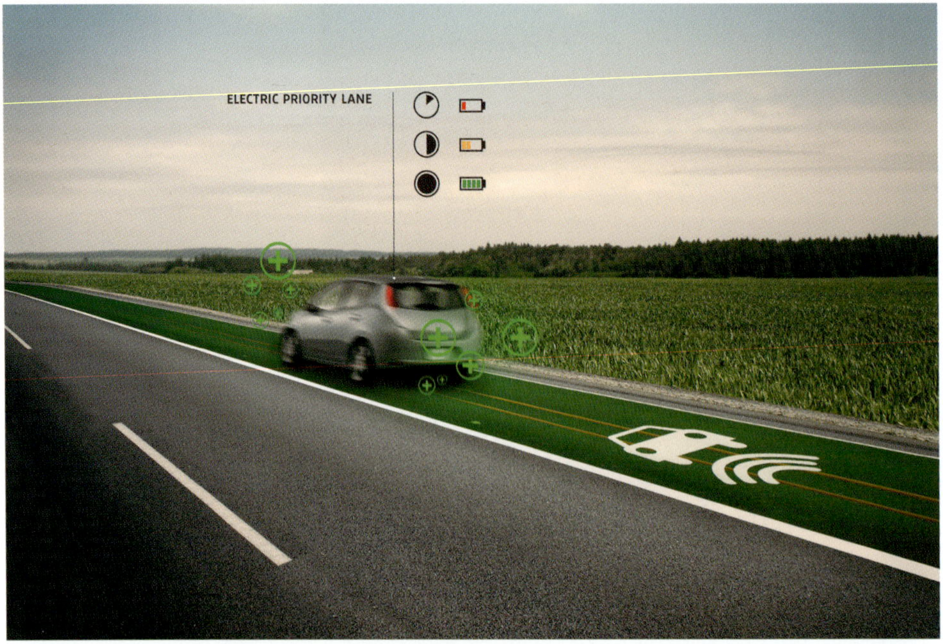

전자 우선 차선

상호작용하는 조명

바람 조명

동적 페인트

진화하다 EVOLVE

정의: 자연적 진화 과정에 의해서 생겨나다.
관계된 단어: 진보하다, 더 잘하다fare, 나아가다forge, 해나가다get along, 꾸려 나가다get on, 꾸준히 발달하다march, 진행하다proceed, 발전하다progress; 개화하다blossom, 성장하다grow, 성숙되다mature, 익다ripen; 물질화되다materialized; 나타나다emerge, 발생하다play out
Merriam-Webster 온라인에서 2015년 3월 25일"exhilarate" 찾아봄. http://www.merriam-webster.com/dictionary/exhilarate.

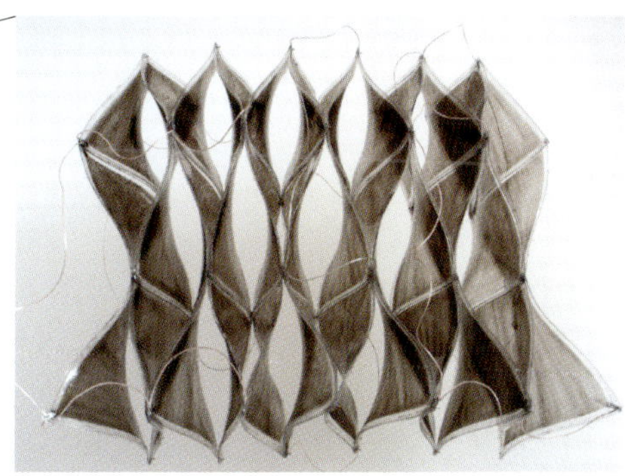

건축가이자 이론가인 존 프레이져는, 건축가의 청사진(디자인)은 한 장소를 위한 특정한 계획이지만, 자연의 청사진은 작동방식의 조합으로 이루어져, 이의 해석은 환경적 문맥에 따라서 달라진다고 했다. 우리의 목적은, 건축의 청사진을 넘어 반응하는 작동방식의 코드화된 집합coded set을 만드는 것이다(우리는 이를 "건축의 유전자 언어"라고 부르고 있다)[1] 건축 디자인은 근래 들어 무한하게 발전하고 진화하고 있는데, 이로 인해 건축의 실무와 이론에는 지대한 변화들이 생겨났다. 반면 진화적인 개념에 대한 담론은 미비하여, 주로 건물형태나 디자인 과정의 형태생산에만 한정되어 사용되고 있었다. 다시 말하면, 건물이나 환경이 디자인되는 개념으로만 시도되었지, 건물이나 환경의 개념 자체를 바꿀 정도로 탐구되지는 않았다.

이 장의 프로젝트들은 실제로 건물이 지어지는 동안, 진화적인 디자인의 개념이 어떻게 적용되는지를 탐구한 프로젝트들이다. 건축계architectural world의 전반에서 컴퓨터 디자인의 진화적인 시스템을 받아들인 듯 하지만, 실제 완공된built 건축/환경에서 살펴보자면 그 단계는 매우 초보적이다. 구축 환경built architecture을 살아있고 진화하는 시스템으로 인지하는 진화적 프로세스는 인공두뇌학, 복합성이나 카오스 이론만큼이나 생물학적이거나 과학적인 비유에 의존한다. 프레이져는 진화의 8단계를 다음과 같이 제시한다. 자연선택natural selection, 자율형성self-organization, 신진대사metabolism, 열역학thermodynamics, 형태학morphology, 형태형성학morphogenetics, symmetry breaking, 대칭 파괴symmetry breaking, 불안정성의 유행prevalence of instability. 이러한 진화의 요소aspects들은 다양한 스케일에서 변화를 가져오게 되며 진화의 조건들은 정보를 기반으로 하고 있다.[2] 여기에 소개된 프로젝트들의 목적은 자연에서 발견되는 공생적 행동symbiotic behavior과 신진대사의 균형metabolic balance을 이루는 것이다. 그러기 위해서 건축은 유기체처럼 작동하여야 하며, 이는 자연의 디자인 과정과 유사하게 작동하여야 한다는 것이다. 디자이너들의 다양한 시도best intentions에도 불구하고 구축환경에서 가장 미지의 변수는 바로 사용자이며, 이 중에서도 특히 능동적으로 참여하는 사용자이다. 컴퓨터 과학자이며 사업 건축가business architect인 리차드 베르야드Richard Veryard는 말한다. "실제로 사용 중인 건축물'architecture-in-use의 상태는 많은 참여자people의 노력과 의도 사이의 복잡한 상호작용에 의해 완성emerges된다. 이런 모든 상호작용을 건축가가 독단적으로 예상하기는 쉽지 않으며, 심지어 통제하기란 거의 불가능하다."[3]

근래에 우리는 건축에 생체모방기술이 적용되는 실험이 진행되는 것을 지켜보았다. 건축가들은 생물학적으로 영감을 받은 디지털 디자인 기술을 받아들이고 있다. 물리학자 요세프 바-코헨Yoseph Bar-cohen이 요약하기를 "자연은 다양한 해결책을 가지고 '실험'을 해 왔으며, 수십억 년에 걸쳐 가장 성공적인 해결책들을 제시 해왔다."[3] 그는 덧붙였다. "자연의 기제(機制)mechanism와 가능성capability를 배워 과학적으로 적용함으로써, 효율적인 재료, 구조, 기구, 메커니즘 과정, 알고리듬, 방법method, 시스템 그리고 수 많은 정보benefits를 얻었다." 로봇의 개발에 있어서도 그는 말한다. "로봇의 개발에 관련되는 학제적multidisciplinary 이슈는 엑튜에이터actuators, 센서sensors, 구조structures, 기능성functionality, 제어control, 지성 그리고 자율성autonomy 등이다."[5] 간단히 정리하면 자연은, 지금까지 그리고 앞으로도 가장 큰 실험실이다. 도전에 대한 응전인 진화를 통해, 자연은 자연이 사용할 수 있는 모든 과학과 엔지니어링을 실험하여 가장 잘 작동하고 오래 견딜 수 있는 발명품들을 만들어 왔다.

생산manufacturing과 제작fabrication의 기술적 발전 —특히 재료부분—을 통해 자연스런 적응natural adaptation을 위한 변수parameter는 점점 더 확장되어 왔다. 이런 발전advancement은 우리가 세상을 이해하고 만들어 가는 스케일에 영향을 끼칠 수 있을 것이고, 결과적으로 적응의 기계적인 패러다임에 재해석을 요구할 것이다. 이런 발전을 통해 우리는 적응이 좀 더 전체적holistic으로 가능하고, 동시에 작은 내부 스케일에서도 가능하다는 것을 이해가게 되었다.

생물학적 패러다임은 단순히 실용적이고 성능에 맞춘 기술을 이해하는 수준을 넘어 인간과 글로벌 환경에 관계된 미적이고aesthetic, 개념적 그리고 철학적인 이슈까지도 고려가 고려된 개념이다. 몇몇 건축가들과 철학자들은 생물적biological 시스템과 스케일에 대한 개선된improved 이해를 통해 물리적으로 동적인 건축의 기반을 만들어 내고formulate 있다. 브레멘 대학의 아님 폰 그레이흐Arnim von Gleich와 그의 연구팀은 생체모방기술의 세 가지 개념을 정리하였는데, 1) 기술적 모방 (형태와 기능), 2) 신호 및 정보 프로세싱, 바이오사이버네틱스biocybernetics, 센서 기술 및 로봇 기술 그리고 3) 나노바이오미메틱스(분자 단계에서의 자율형성self-organization과 나노기술nanotechnology).[6] 이 그것이다. 유기적인 패러다임은 디자이너들이 작업하고 세상을 바라보는 시각의 스케일의 재해석을 요구한다. 우리는 근래에 자동차 산업과 항공우주산업에서 전자 시스템electronic system을 통한 혁신을 흔히 접하고 있지만, 이제는 생산과 제조의 혁신에 생물학과 스케일에 지대한 영향을 받은 대변혁을 접하기 시작하였다. 예를 들어 로봇 기술을 보면 로봇들은 계속 축소되어 기존의 기계적인 요소들의 가장 작은 부품이 되었다. 재료기술의 관점에서 보면, 기계적인 패러다임mechanical paradigm은 완전히 꽃을 피우기도 전에 이미 구식이 되어버린 느낌이다. 건축가 마이클 와인스탁Michael Weinstock이 시적으로 묘사하듯이 "재료는 더 이상 형태를 위해 복종하는 것이 아니라 형태 자체의 시작점genesis이 되었다."[7]

건축의 발전은 항상 재료의 발달과 밀접하게 연결되어 있다. 건축가 토시코 모리Toshiko Mori는 지적한다. "우리는 이론적으로 특정 성능을 만족시키는 재료를 생산할 수 있다. 이런 재료의 변화는 분자 단계에서 이루어지는데, 이 단계에서 물질성materiality는 보이지 않게render invisible 된다."[8] 변화 가능한 재료의 중요한 두 가지 특성은 인텔리전스intelligent와 스마트smart함이다. 건축가 블레인 브라우넬Blaine Brownell은 환경적인 자극이 있을 때 물리적인 변환physical metamorphosis를 하는 재료를 변형재료transformational material라고 얘기한다. 이런 변화는 재료 자체의 내재적 성질에 의한 것일 수도 있고 사용자가 주도user driven한 것일 수도 있다.[9] 건축가 미쉘 에딩톤Michelle Addington과 다니엘 슈텍Daniel Schodek은 스마트 재료와 시스템을 두 부류로 나눈다. "타입 1" 재료는 외부자극external stimuli에 직접적으로 반응해서 하나 혹은 그 이상의 성질(화학적, 전기적, 자기적, 기계적 혹은 열)을 바꾼다. "타입 2" 재료는 에너지를 하나의 유형에서 다른 유형으로 바꾼다. 이런 등급class의 재료는 다음과 같은 특징을 가질 수 있다: 광기전력photovoltaic, 열전기thermoelectric, 압전기piezoelectric, 광발광photoluminescent, 전기변형electrostrictive.[10]

건축에서는 아직 흔치 않지만, 다른 분야에서는 이미 이런 스마트 재료들이 센서, 탐지기detector, 변환기transducers, 작동기actuator로 쓰이고 있다. 압전기를 띄는 재료의 형태가 바뀌면, 아주 작지만 측정 가능한 전기 방출electrical discharge이 생겨난다. 이런 재료의 예는 자동차에 있는 에어백 센서인데, 이는 자동차에 가해지는 충격을 감지하고 에어백을 터뜨리도록 전기신호를 보낸다. 건축가이면서 교수인 존 페르난데즈John Fernandez는 이러한 일체화된 센서embedded sensors, 자기 회복이 가능한 합성물self-healing composites, 나노스케일로 반응하는 재료들은, 건축적으로 적용application하기 적합하여posied, 하중에 대응counteract하고, 재료의 사용량을 줄이고, 햇빛을 막기 위해 형태를 변화시키고, 능동적인 단열 및 환기에 적용될 수 있으며, 재료 자신의 성능저하degradation을 막는 기능을 한다고 하였다.

이 장에서 소개된 프로젝트들은 재료의 단계에서 적응이 가능한 다양한 방식들을 선보이고 있다. 이들의 미학장점beauty은 어떤 프로젝트도 정교한 기술적인 시스템에 의존하고 있지 않다는 것이다. 아킴 멘게스Achim Menges가 적절히 얘기하듯, "디자인의 통합higher design integration에 대한 사려 깊은intelligent 관심investment에 따라 매우 단순하면서도 효율적인 시스템을 현실화 시킬 수 있다는 것을 보여주고 있다." 멘게스와 컴퓨터 디자이너computational designer 스테픈 라이허트Steffen Reichert는 습도에 의해 작동hygroscopic actuation하는 생물학적 과정에 심취하여 그들의 프로젝트에 이를 적용하였는데 그 결과는 놀라웠다. 상대적인 습도에 의해 재료의 변화가 일어나는 것인데, 이는 테크놀로지적이 아닌 재료 자체의 타고난ingrained 적응 성질을 이용해 시스템을 만들어 지는 것이었다. *하이그로스코프: 날씨감응 형태학HygroScope: Meteorosensitive Morphology*은 조절된 환경 안에서 자족적self-contained이다. *하이그로스킨: 날씨감응 파빌리온HygroSkin: Meteorosensitive Pavilion*은 조절되지 않는 외부환경에 설치되었다. 도리스 성Doris Sung은 유사한 방식을 그의 프로젝트 *블룸Bloom*에 적용하였는데, 온도바이메탈Thermobimetal을 활용해 건물온도를 자율적으로 제어하는 것을 목표로 다이나믹하게 반응하는 건물의 표피를 만들었다. 바이메탈bimetal은 다른 온도에서 확장하는 두 가지 금속을 얇게 붙여서 제작하여, 열이 가해지면 한쪽으로 감기게 된다. 도리스의 프로젝트는 또한 스케일적인 차이scalar differentiation에 대한 이슈를 끌어낸다. "벽돌벽은 언제나 똑같은 모양이지만, 물고기를 살펴보면 각각의 스케일이 독특하고, 특정한 장소에 맞는 형태를 가지고 있다." 이 프로젝트가 의미 있는 것은, 건축적인 스케일에 실제 적용하여 변동하는 외부 환경에서 견딜 수 있음을 증명해낸 것이었다.

마뉴엘 크레처의 형태변형shapeshift은 전자기장에 반응해 크기, 형태 그리고 용적이 바뀌는 전기활성 고분자electroactive polymer와 부드러운 플라스틱soft plastic을 적용한 흥미로운 실험이었다. 수십 년간의 연구 및 꾸준한 발전에도 불구하고 전기활성 고분자 분야는 그리 성숙되지 않았고, 몇 가지의 이슈, 특히 장기간의 성능유지 및 내구성 등은 아직도 많은 연구가 필요해 보인다. 하지만 크레처는 전기활성고분자의 형태유연성을 이용한 가능성 있는 프로젝트를 실험 해왔다. 크레처는 주장한다. "다른 분야에서 이 고분자의 물성은 보철치료를 위한, 혹은 '슈퍼인간'을 위한 외골격exoskeleton 등의 인공근육으로, 미세전자기계시스켐MEMS microelectromechanical system, 의료기기, 스피커 또 바뀌는 점자 디스플레이refreshable Braille display, 게임 인터페이스 등으로 이미 활용되고 있다." 건축적 상황에 맞춰, 내구성에 대한 의문점을 해결돼야겠지만, 혁신의 가능성은 충분하다. 로봇 분야와 새로운 재료공학의 발전은 건축의 발전에 있어서 상당히 중요하며 그 적용방식은 전체적이면서도holistic 작은 내부 스케일small internal scale에서 동시에 작용할 것이다.

하이그로스코프+하이그로스킨

HYGROSCOPE + HYGROSKIN

Achim Menges
with Steffen Reichert and Oliver David Kreig

파리 퐁피듀센터에 영구전시되어 있는 하이그로스코프 인스톨레이션

우리는 생물학을 통해 적응adaptation과 반응responsiveness 분야의 많은 영감을 끌어내었다. 건축분야와 관련해서는 식물학botany가 특히 관심의 대상인데, 식물은 근육이 없이 적응해 움직이는 유일한 유기체이고, 이에는 다양한 수단이 존재하기 때문이다. 식물이 반응하는 움직임은 두 가지 그룹으로 나누어 생각할 수 있다. (1) 능동적인 세포의 압력을 통해 움직이는actuated 시스템, 그리고 (2) 식물의 신진대사metabolic와는 별도로 작동하는 수동적 시스템passive system. 침엽수 솔방울conifer cone, 더 정확히는 솔방울의 비늘은 후자의 흥미로운 예이다. 건조한 조건에서 솔방울의 물질성materiality은 환경에 맞춰서 습기의 양을 조절할 수 있게 해준다. 조절하기 위해서 콘의 비늘scale은 모양이 바뀌며, 이는 차후에 씨앗을 방출하는 것과 관련이 된다. 수동적인 식물의 움직임은 보통 되돌릴 수 없지만irreversible, 침엽수 솔방울은 생물학적 기능인 씨앗 방출 후에도 계속 반응성responsiveness를 유지한다. 이렇게 환경 조건에 대해서 일정한 반응을 유지하는 성질은 습도에 반응하는 특징hygroscopic behavior에 기인한다. 공기 중의 습기를 흡수하거나 다시 방출하여 주변환경과 자신의 습도를 끊임없이 조절하여 균형

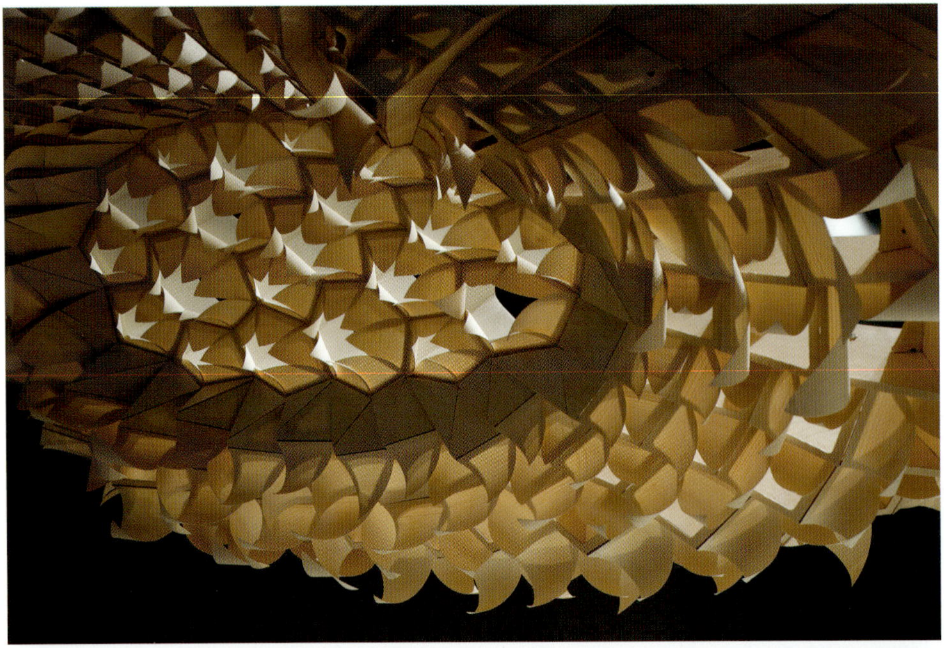

왼쪽 및 아래:
물리적 변화는 하이그로스코프 프로젝트의 동적인 성질을 드러낸다.

을 맞춘다. 이런 흡수와 탈착absorption & desorption 과정에서 물리적인 변화가 나타난다. 물분자들은 솔방울에 붙거나 분리된다. 나무세포조직 안의 미소섬유(실 모양의 세포 조직)microfibrils 사이의 거리 변화로 수축과 팽창이 생긴다. 비늘의 움직임은 재료의 치수변화와 이방성(異方性)의 구성anisotropic composition의 효과이다. 이런 지향적 특성directional characteristics는 비늘의 교차되어 있는 켜로 구성된 섬유질cross-layered fiber의 물성에서 비롯된다. 형태변형을 위한 에너지는 주변의 환경에서 비롯되기 때문에, 침엽수 솔방울은 수동적이고 자율적인 반응 시스템으로 볼 수 있다.

건축에서의 반응성은 기술적인 기능으로 간주되기 때문에, 해결방식의 대부분은 독립적인(전기가 필요한) 기계적 센서, 엑튜에이션, 그리고 통제 메커니즘regulation mechanism이 필요하였다. 반면, 여기에 소개된 프로젝트는 생물학적 접근을 통해 기술이 필요 없는no-tech 접근을 시도하기 때문에 하이테크적 기계를 통한 시도endeavor와는 대비가 된다. 이 시스템의 적응하는 능력은 재료 자체에 타고난 성질ingrained이다. 감지, 작동actuating, 통제를 하기 위해 부가적인 기술장비가 필요하지 않다.

침엽수 솔방울의 생물학적인 특징에 기반해, 아킴 멘게스, 스테픈 레이허트, 그리고 올리버 데이비드 크레이그는 습기에 반응하는 재료 시스템hygroscopic material system을 만들었다. 이 시스템의 반응성질responsive materiality은 목재—더 정확히는 단순하고 4분등 된 베니어판—와 합성섬유로 강화된 폴리머(중합체)synthetic fiber-reinforced polymer의 합으로 만들어 졌다. 목재는 가장 오래되고 일반적인 시공재료이고, 목재의 흡습성hygroscopic capacity의 특징은 잘 알려져 있지만 이 특성을 살려 이용할 방법을 찾지 못하고 있었다. 사실 이런 목재의 흡습성은 오히려 문제라고 여겨졌다. 목재 처리timber processing의 목적은 목재의 기존 습기를 줄이고 습기를 더 이상 흡수하지 않게 만드는 데 쓰여져 왔다.

하이드로스코프 프로젝트는 반대로 목재의 내재된 변화가능성을 형태변화의 촉매trigger로 사용하고 있다. 실제적인 움직임은 재료의 특정한 성질을 제어하는 것으로 조절될 수 있다. (1) 섬유질의 방향 (2) 자연 재료와 인공 합성물의 배치layout (3) 길이-폭-두께 비례 (4) 요소의 기하학, 특히 (5) 생산과정에서의 습도 제어. 이를 통해, 움직임의 행동방식behaviour이 정확히 제어되고, 상대적인 습도 변화에 따른 구체적인 범위specific range를 보정calibrate할 수 있다. 심지어 반응 행위는 같은 기본적인 재료 요소가 같은 자극에 노출되어도 조정 방식에 따라 완전히 열리거나 닫히게도 할 수 있다. 솔방울의 복합적 구조를 분해decompose하여 전이시킨transfer 재료 및 제작방식에 대한 변수parameter 및 규칙rules이 *하이그로스코프*의 컴퓨터 디자인 전략을 결정하였으며, 여기에 각각의 프로젝트에 맞추어서 재료의 특성을 물리적으로 프로그램(바꾸는)하는 것이 더해졌다.

*하이그로스코프: 날씨 반응 형태HygroScope: Meteorosensitive Morphology*은 파리의 퐁피두 센터가

습도반응hygroscopic 소재 시스템은 솔방울 같은 생물의 특징에 기반하고 있다.

영구전시를 위해 의뢰 하였으며 2012년 5월 창의적인 우주*Multiversités Créatives* 전시에서 처음 선보였다. 인스톨레이션은 기후가 제어되는 투명한 유리케이스 안에 매달려 있는 자율적이면서도 반응하는 건축적 표면이다. 시각적으로 공중에 떠 있는 표면은 위에서 언급된 '노-테크 패러다임'에 따라 주변의 습기의 변화에 의해서 열리거나 닫힌다. 퐁피두 센터라는 가장 안정적이고 온도 습도의 조절이 용이한 공간climate controlled spaces안에서, 유리 케이스는 건물 밖 도시의 습도변화를 시뮬레이션 하는 자신만의 습도 조절 장치가 있다. 습도의 변동oscillation에 따라 시스템은 조용히 열리거나 닫혀 방문객들은, 우리 삶의 중요한 일부이지만 평소 감지할 수 없는 습도의 변화를 시각적으로 경험할 수 있다. 동시에 우리의 환경에 숨어있는, 아직 개발되지 않은 untapped 에너지의 원천을 지각하게 만든다.

시스템의 형태적인 표현morphological articulation은 상호관계 체계reciprocal system—내재적인 변수, 로봇 생산 기술의 고려 사항들 및 외부의 환경적인 고려사항들—을 합친 맞춤형 컴퓨터 프로세스를 통해서 제작되었다. 이런 통합적인 디자인 방식 integrative design methodology은 다양한 대안들을 살펴볼 수 있게 하였다. 결국 완성된 인스톨레이션은 4천 개의 모양의 각각 다른 요소들이 합쳐져 만들어졌고, 주 재료로는 목재가 사용되었다. 전체적인 형태global shape는 세 개의 연속적인 돌기형태protuberances이며, 이들은 세포 채널 영역cellular channel area으로 연결되어 있다. 각각의 다른 영역들은 유리케이스 안에서 각기 다른 마이크로 기후microclimate 영역을 형성하게 하였으며, 이는 습도를 발산하는 위치를 고려해 놓여졌다. 결과적으로 형태에 따라 구분되는 두 영역에 각각 다른 개방 메커니즘을 설치했다. (1) 융기된 부분의 중앙영역the center of the protuberances, 이는 채널의 중앙 개방 메커니즘으로 작동한다. (2) 두 번째 개방 메커니즘은, 중앙 영역과 채널channel 사이를 잇는 방사모양의 찢어진ripped 형태로, 채널 영역 쪽으로 열릴 수 있게 방향이 향해져directional configuration있다. 습도가 낮은 상태에서 구조물은 완전히 닫혀있지만, 습도가 올라갈수록, 면은 점점 다공성porous의 구조로 바뀐다. 이런 반응은 전기가 필요하거나 기계적인 기술로 얻어지는 것이 아니며, 따로 에너지가 필요하지도 않다. 베니어-합성 요소veneer-composite elements가 센서, 모터의 기능을 하고, 또한 면 자체를 구성한다.

*하이그로스킨: 날씨 반응 파빌리온HygroSkin: Meteorosensitive Pavilion*은 지역예술기금 올리언스 센터the Fonds régional d'art contemporain présente ses collections et expositions (FRAC) Centre Orléans가 영구 컬렉션을 위해 의뢰한 것으로 2013년 아키랩의 *자연스러워진 건축* 전시ArchiLab's Naturalizing Architecture exhibition에서 처음 선보인 작업이다. 프로젝트는 원형적 건축 형태archetypical architectural volume인 박스box와 섬세한 기후 반응 조리개 무리군intricate climate-responsive apertures clusters이 포함된 깊은deep 파도처럼 높낮이가 변하는undulating 표피와의 대비를 통해 긴장감이 표현된다. 파빌리온의 모듈러 디자인은 이동전시를 위해 작게 작은 단위로 포장되어야 하는 크기의 요구사항이 반영되었다. 모듈 자체는 얇은 합판의 탄력성 있는 휘어지는 특성elastic bending behavior 및 일상적인 원뿔 기하학conical base geometry에서 영감을 받아 전반적인 구조global structure를 생성될 수 있는 가능성에서 시작되었다.

합판plywood는 탄력 있게 휘어져 원기둥cylinder 나 원뿔cone 등의 모양을 만들 수 있으며, 각각의 요소는 이중 레이어로double-layered skin 만들어 진다. 우선 두 개의 별도의 원뿔이 유연하게 만들어elastically self-formed 진다. 그 후에, 진공 프레스vacuum press 방식으로 합판을 폼코어foam core에 겹쳐 붙여 laminate 중간 요소sandwich element를 완성한다. 처음의 원뿔 모듈은 7개 축으로 움직이는 로봇에 의해 내성tolerance이 부여되었다. 모듈의 가장자리edge는 회전톱이 달린 로봇에 의해 최종적인 형태final differentiated form로 재단된다. 마지막으로 내부 폼코어는 형태에 맞추어 가공되어 경량의 모듈이 완성되

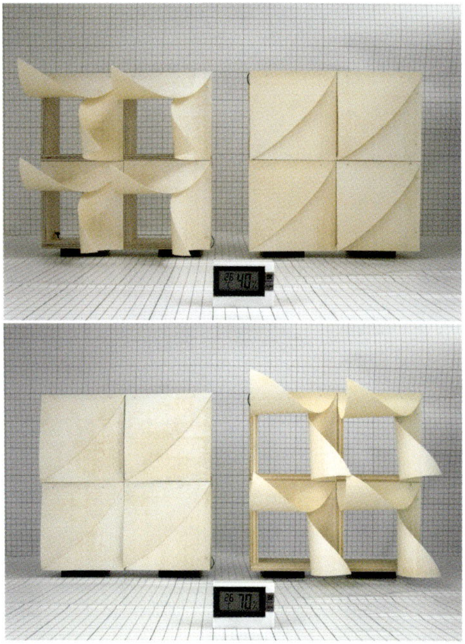

습도반응 소재 시스의 부분 모델component model이 다른 반응 상태에 있다.

며, 이 모듈들은 조립되어 튼튼한robust 구조 시스템이 완성되고, 동시에 이들은 운반에 용이하였다. 원뿔 모듈의 오목한 면concave surface에는 사출성형방식injection mold으로 만들어진 조리개 요소들이 설치되어 기후-반응 성질의 보조적인 역할을 한다. *하이그로스코프* 프로젝트와는 반대로, 조리개들은 습기가 높아질수록 닫히게 프로그램 되었으며, 자율적인 기후 보호물(내후성)autonomous weather protection이 되도록 디자인되었다. 30에서 90 퍼센트 상대습도에 반응하도록 조절되어, 조리개는 중도적 기후 지역에 맞게 조절되었다. 주변의 환경에 반응해 이들은 실시간으로 열림의 정도와 구멍의 열림 형태가 바뀌어, 빛의 투과율과 시야의 열림을 조절modulate한다. 파빌리온은 주변환경과 내부의 공간 경험environmental and spatial experience이 독특하게 합쳐진 결합물이 된다.

이 두 프로젝트는 정교한elaborate 기술적 시스템에 의존하지 않은 반응할 수 있는 건축의 첫 걸음을 내딛고 있다. 여러 가지 면에서 이 프로젝트들은 고도의 디자인 통합higher design integration에 대한 지적인 사고intellectual investment를 하면 단순하면서도 효과적인 시스템을 만들 수 있다는 것을 보여주고 있다. 더해서, 복합적인 환경의 변화complex environmental dynamics가 계속해서 변하는 공간적인 조건을 만들고 있는 이 때, 이들 프로젝트들은 시스템 성능system performance와 건축적 수행성architectural performativity의 통합coalescence 가능성을 보여주고 있다고 할 수 있다. *하이그로스킨* 파빌리온은 습도가 높아짐에 따라 닫혀 기후에 반응하는 보호공간shelter으로 기능한다면, *하이그로스코프* 프로젝트는 같은 자극에 열리도록 설계되어 증가된 다공성을 통해 숨을 쉬고 습기를 내보내도록 설계되었다. 실험실의 조건에서는 상대 습도의 정도와 개방의 정도는 1차 종속성linear dependence를 띄는 것으로 관찰된다. 하지만 훨씬 더 복잡한 상황의 환경에 노출이 될 때, 두 가지 프로젝트는 예상치 못한 부분적 차이local differentiation를 보여준다. 상대 습도라는 것이 절대 습도와 온도의 함수로 정의되어 있기 때문에, 열 방사heat radiation 혹은 다른 주변의 기후 요소들의 영향을 받아, 때로는 직관에 어긋나는 상황이 나타나기도 한다. 이들의 행동은 예측가능 하지 않아, 오히려 숨어있던 환경의 패턴을 드러내 보여주기도 한다.

이 사진과 다음 페이지:
하이그로스킨: 날씨 반응 파빌리온HygroSkin: Meteorosensitive Pavilion

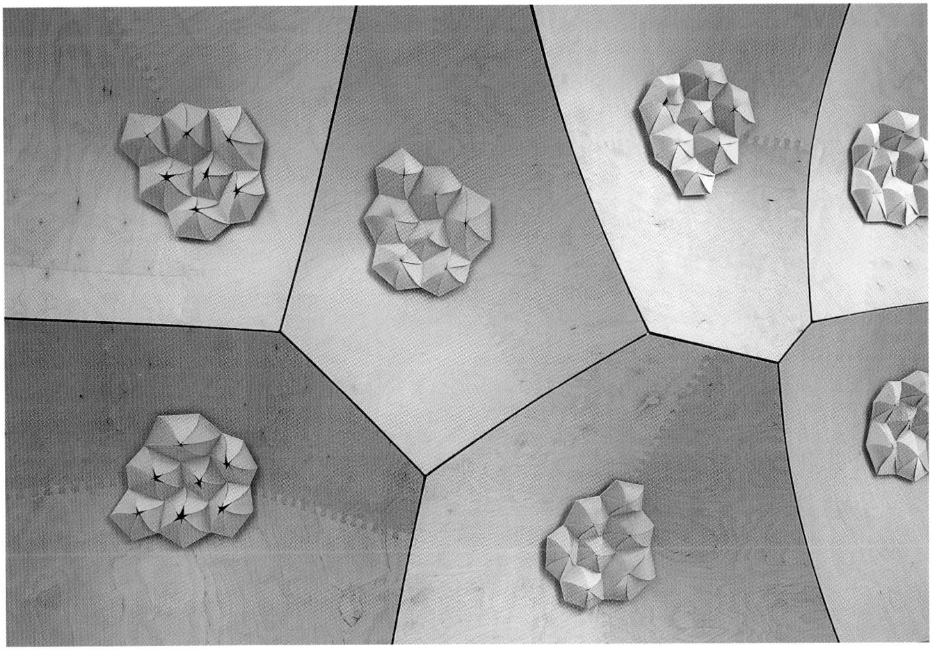

블룸 *BLOOM*
DOSU

시간과 온도와 연동하면서 태양을 따라 이동하는 기기인 *블룸*bloom은 물성의 실험, 구조적인 혁신 그리고 컴퓨터를 통한 형태와 패턴 제작을 통해 환경적으로 반응하는 인스톨레이션이다. 반응하는 면은 9천 개가 넘는 스마트 바이메탈thermobimetal 타일로 만들어져 있으며 한 면도 같지 않다. 팽창계수가 다른 두 개의 메탈 합금을 얇게 접합해laminate 만든 바이메탈은 태양이나 주위의 온도변화에 따라 자동으로 감긴다. 이를 통해 캐노피 하부의 공간을 스마트하게 빛을 가리거나 환기를 할 수 있는 표피 시스템을 전기나 제어장치 없이 실현할 수 있다. 표피skin의 감도를 높이기 위해서 전체적인 형태는 태양의 궤적arc에 맞춰 만들어져 태양에 대한 노출을 최대화 했는데, 이는 식물이나 꽃들이 성장하는 방식이기도 하다. 효율을 더 높이기 위해서 파라메트릭parametric한 패턴을 소프트웨어를 통해 생성시켰다. 근래의 디지털 기술과 친환경적인 디자인에 대한 관심 속에서, 바이메탈은 단순한 성질의 물체임에도 기계적인 엑튜에이터의 제한된 역할을 넘어 동적인 빌딩 표피 재료가 되며, 수행적 건축performative architecture의 담론을 확장한다.

문화적이고 지적인 함축implication 외에도 물리

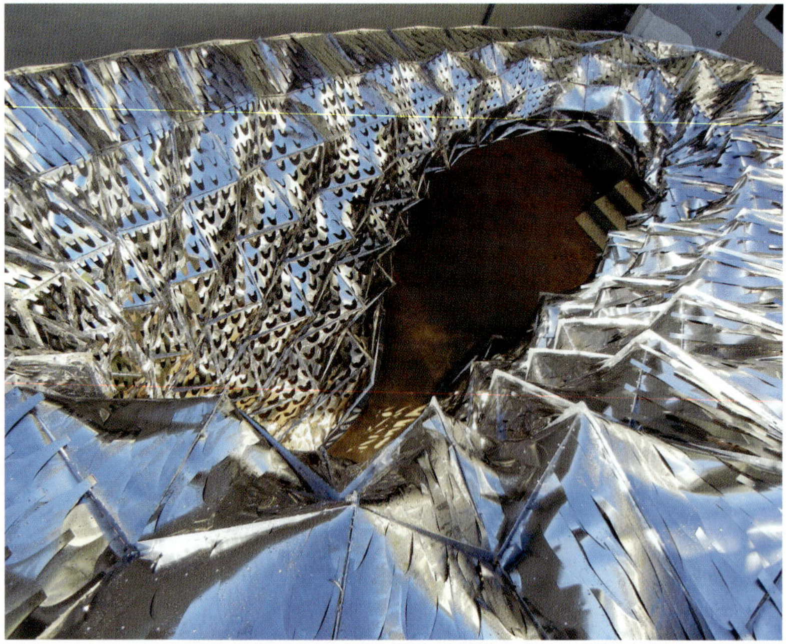

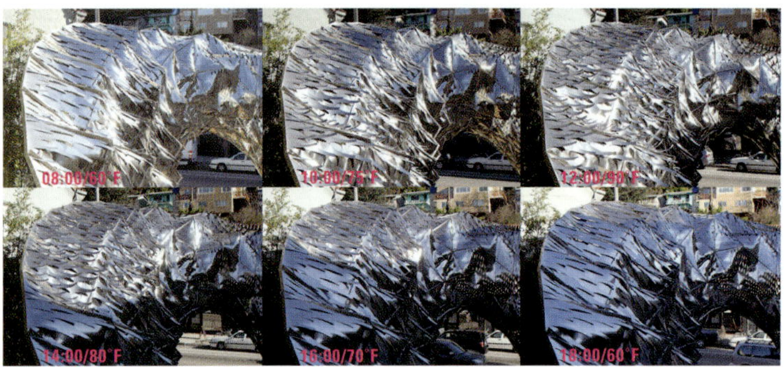

블룸Bloom의 인간적 스케일과 자연적인 키네틱 액튜에이션을 보여주는 이미지들

적인 (주변) 문맥physical context의 몇 가지 내재된 제한사항inherent constraints이 프로젝트의 진행development에 영향을 주었다. 대상지인 로스엔젤레스의 재료 & 적용 갤러리the Materials & Application Gallery의 작은 외부 안뜰은 주변 건물로 인해 그늘이 져서, 열과 태양 광선을 이용한 프로젝트가 설치되기에는 어려운 장소였다. 식물처럼, 형태는 그늘을 피해 태양을 향하도록 계획되었지만, 동시에 중력 하중 및 측면 하중까지 고려가 되어야 했다. 근처의 건물에 고정하거나, 깊은 기초를 시공할 수 없기 때문에, 도리스 성Doris Sung의 회사인 DOSU는 가벼우면서도, 구조적으로 안정되고, 아름답고 그리고 성능에 도움을 주는 형태를 찾기 위해 노력했다. 결과적으로 태양을 향해 '피어나는' 캐노피 형태로, 하부에는 다이나믹한 도시적인 영역을 만들어, 현재 기술을 보여주는 형태이면서도 생체모방적인 모양을 만들었다. 프로젝트는 명명한 이름부터, 운동방식, 그리고 형태까지 자연을 참조reference하고 있다.

*블룸*의 중요한 목적은 건물의 외피 면에 적용되는 바이메탈의 효용성efficacy를 보여주는 것이다. 첫 번째는 외부 온도가 높아짐에 따라 그늘을 더 늘리는 차양으로서의 가능성이다. 타일의 크기, 모양

밀도 높은 도시 문맥에 설치된 파빌리온

그리고 방향은 모델링 소프트웨어를 활용해 계산한 태양의 각도에 의해 가장 최적화된 성능을 발휘되도록 정해졌다. 바이메탈의 두 번째 기능은 원치 않는 뜨거운 공기를 환기하는 것이다. 각각의 바이메탈 타일의 뒤틀림contortion을 최적화해서 열기가 감지되면 타일이 감겨 수동적으로 환기를 하도록 만들었다. 디지털 프로그램인 CATIA-Computer Aided ThreeDimensional Interactive Application, 라이노스크립트Rhinoscript와 그래스호퍼Grasshopper 및 다른 구조분석 및 그림자 분석 프로그램 등은 디자인의 전통적인 과정이나 제작에 새로운 가능성을 제시하고 있다. 개념입증실험proof-of-concept같은 인스톨레이션을 위해 쓰여진 디지털 소프트웨어는 실제 시공용 도면에서도 완벽하게 유용한 수단이 되었다.

414개의 쌍곡면 포물면 모양의 패널hyperbolic paraboloid-shaped stacked panels로 구성되어 자립이 가능한 구조self-supporting structure인 이 인스톨레이션은 요소들를 새로운 방식의 쉘shell 구조로 계획하였다. 바이메탈 타일로 만들어진 패널들은 두 면으로 만들어지면서double-ruled 서로 맞물리고interlock, 접힌 알루미늄 프레임과 결합이 되어 있다. 필요한 경우, 블룸의 하이파 곡면hypar 패널들의 일부분에는 리벳 연결의 수를 증가시켜 단단하게 만들었으며, 또 다른 부분에서는 뾰족한 부분과 골짜기 부분의 각을 더 강조해 (때로는 비틀기도 하였다) 구조적인 역량을 키웠다. 완성된 경량구조면서도 유연한 모노코크(외판만으로 만들어진 구조)monocoque 구조는 전체적인 형태와 재료의 특성이 합쳐져 포괄적인 구조적 안정감을 생성하였다. 시공이 끝난 후, 구조물은 예상된 형태로 점점 바뀌어 가장 안정적인 형태가 되었다. 이런 디자인 방법을 통해 만들어진 프로젝트의 무게는 6백 파운드(272 kg)인데, 이는 이런 사이즈의 구조-쉘 디자인에서는 상당한 경량구조이다.

디지털 디자인이 곧바로 디지털 제작에 적용digital-to-digital fabrication될 수 있기 때문에, 디자인-시공의 대부분의 시간은 디지털 모델과 제작 파일을 만드는데 쓰였다. 시공시의 모든 접합부분joint는 단순한 리벳rivet이나 너트/볼트 연결만이 쓰여 가격면에서도 저렴하고, 특수한 기구 없이 시공이 가능하게 하였다. 이 반복적인 연결부위는 거의 누구나 사용할 수 있는 렌치wrench, 펜치plier 그리고 리벳건

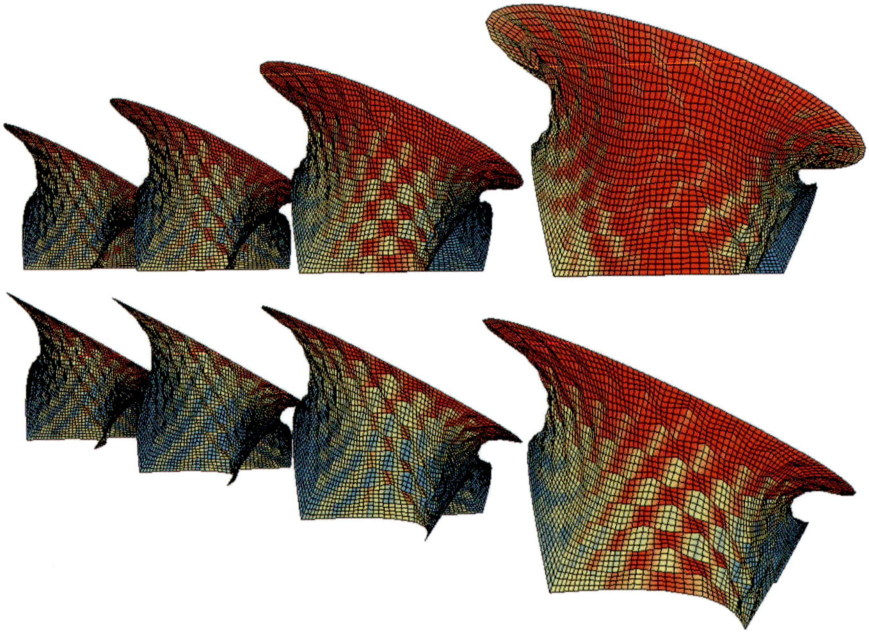

왼쪽 및 반대페이지: 시간 및 온도 변화를 보여주는 건축 드로잉

rivet gun으로 조립되었다. 추가적으로 구조를 위에서 아래로 시공하는 방법을 채용해 모든 시공이 지상에서 이루어 질 수 있도록 하여, 시공시 거대한 기기의 필요성 또한 제거하였다. 이를 위해 대형 목재 고리—블룸의 가장 상부보다 약간 큰—를 만들어 이를 보강제armature로 사용해 시공하는 동안 전체 구조를 매달도록 하였다. 한 줄 한 줄, 패널 하나씩 프로젝트는 점점 구현되었다. 새로운 줄이 추가될 때마다 고리를 조금씩 위로 이동하였고, 결국 마지막 줄이 전체 형태를 완성했다. 구조물이 바닥에 안착하고 나서야, 전체 형태가 드러났다.

디자인 직종, 시공 산업, 학계academy, 그리고 대중에게 미치는 블룸의 영향은 패러다임의 변화paradigm shift일 것이다. 프로젝트는 인공적인 공조climate control 시스템 없이, 궁극적으로는 에너지 낭비가 없는 친환경적이고 패시브한 방법을 제시한다. 혁신적인 구조 전략을 통해 구조하중을 분산하여 인프라의 필요를 줄였고, 디자인, 분석, 복잡한 모자이크식tessellated 면의 제작, 모든 단계에서 디지털 기술의 힘을 보여주었다. 현재 내구성이 더 뛰어나고 변형의 폭이 더 큰 업그레이드된 집성 합금new alloy laminations이 개발되고 있으며, 다른 한편으론 건물의 가리개screen 및 브리이즈솔레일brise-soleils (햇볕을 가리기 위해 건물의 창에 댄 차양)같은 건축요소들이 이미 생산단계에 있다. 브리이즈솔레일 같은 요소에는 바로 적용가능하기 때문에, 패턴과 타일의 형태는 성능 및 제작에 큰 영향을 끼칠 것이다. 각각 주문 생산되지 않고, 대량생산될 수 있는 이 건물 요소들은 현재 쓰이고 있는 복합적인 시스템에 바로 삽입될 수 있다. 이중유리 시스템 창호의 경우, 바이메탈은 유리 사이에 설치되어 에너지가 필요 없는 자동 셔터처럼 기능할 수 있고, 시멘트 블록과 합쳐질 경우, 온도가 상승됨에 따라 외부 공기가 유입될 수 있게 하여 (부드러운)바람이 통과하는 벽breezing walls이 될 수도 있다. 어떤 의미에서든 간에, 친환경 디자인을 위한 장점은 분명하며, 다양한 연구 프로젝트는 이 스마트한 재료가 건물 외피로 쓰일 때의 무한한 가능성을 보여주고 있다.

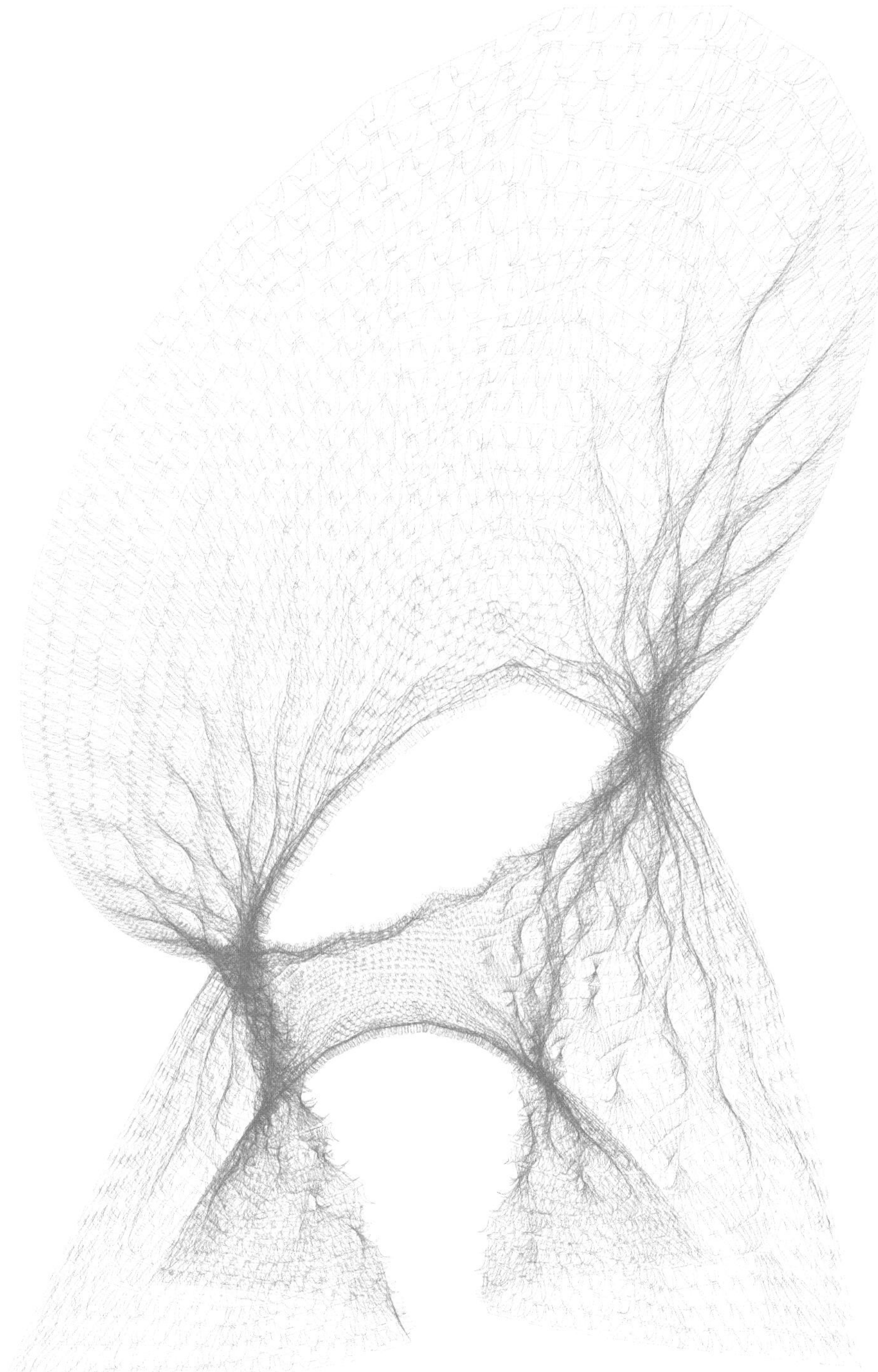

형태변형 *SHAPESHIFT*

Manuel Kretzer

*형태변형*은 다이나믹한 공간 중재dynamic spatial intervention를 위해 전기작동 고분자electroactive polymer(EAP)의 가능성을 실험하였다. 전기작동 고분자는 강한 전자기에 의해 크기, 모양 그리고 체적volume을 바꿀 수 있는 부드러운 플라스틱이다. 능동적인 재료 중 이들이 관심을 받는 이유는 형태변형이 가능하다는 점으로 빠른 반응 속도, 가벼운 무게, 그리고 가격적 장점 때문이다. EAP는 주로 인공근육으로 실험되고 있지만, *형태변형*은 이들을 다이나믹한, 공간을 형성할 수 있는 면의 재료로서 제안하였다.

작동원리에 따라서 EAP는 두 부류로 나눌 수 있다. 이온성ionic과 전자성electronic 고분자이다. 이온성 EAP는 전기자극 시 이온들의 이동에 의해 형태나 체적이 바뀐다. 이 종류의 장점은 1, 2 볼트 정도의 낮은 전압으로도 작동한다는 것이다. 그러나 이온들은 전해액 안에서만 분해되기 때문에, 언제나 물기에 젖어 있어야 한다. 특히 구부려 지는 특성이 강하기 때문에, 주로 굽혀지는 엑튜에이터로 사용이 된다. 강한 힘이 필요할 때 사용될 수 있지만 반응이 느린 특성이 있다. 안정적인 재료를 이런 방식으로 만드는 것은 상당한 정확성이 요구되기 때문에, 생산비용이 높아 자주 쓰이지는 않고 있다.

전자성 EAP는 강한 전기장으로 작동된다. 정전

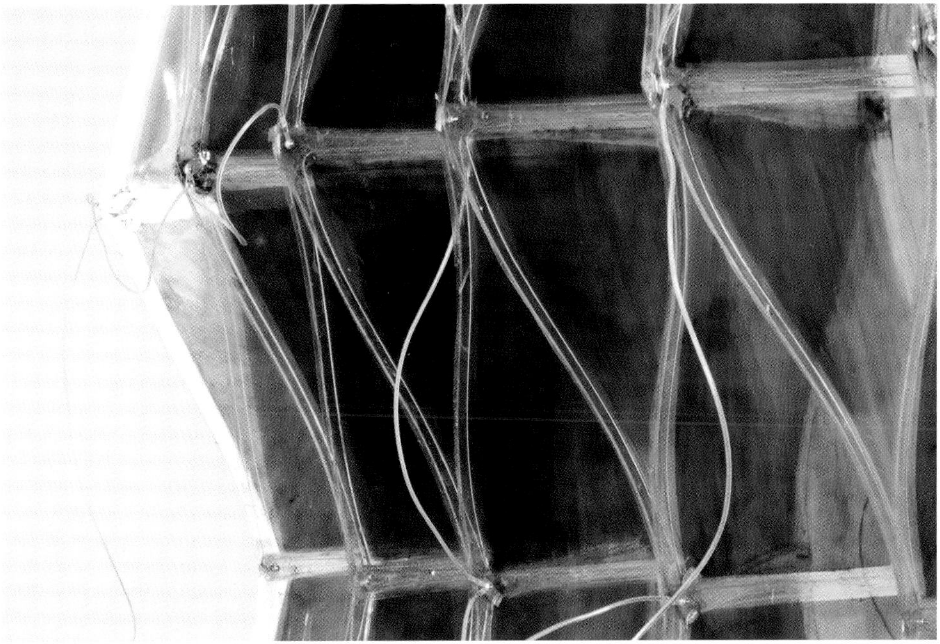

왼쪽, 반대페이지 및 다음페이지:
주리히의 스타카트 갤러리Starkart gellery에 설치된 전시

기는 전자기계electromechanical의 변화를 일으켜 결과적으로 재료의 형태가 변한다. 일반적으로 전자성 EAP는 매우 큰 평면적인in-plnaer 변형deformation을 일으키기 때문에 평면적인 엑튜에이터planer actuators로 사용된다. 이온성과는 달리 이들은 마른 조건에서도 작동하지만 상당히 높은 작동 전압을 필요로 하는데, 이는 수 킬로 볼트까지 요구기도 한다. 대신 반응은 상당히 빠르며, 상대적으로 높은 활성화 스트레스가 있으며 유도된 변화induced displacement를 직류direct current(DC)로 유지할 수 있다.

전기활성물질에 대한 첫 발견은 1880년까지 거슬러 올라가는데, 빌헬름 뢴트겐은 한쪽이 고정된 고무줄에 전하가 충전되거나 방전된 무게를 달았을 때 길이의 차이가 있음을 발견한다. 1899년에 M.P. 사케르도테Sacerdote는 뢴트겐의 실험을 확인하고, 전기장 활성화electric-field activation(에 의한 결과)라는 이론을 만든다. 1925년 최초의 압전물체piezoelectric인 일렉트릿electret이 브라질납야자 왁스carnauba wax, 송진rosin 그리고 밀랍beswax를 합친 뒤, 냉각하여 고체화시키는 동안 직류전압DC bias 장에 노출시켜 제작되었다. 1969년에는 폴리비닐이딘 플루오라이드polyvinylidene fluoride(PDVF)가 대량의 압전정수piezoelectric constant를 유지한다는 것이 발견되었다. 1977년 히데아키 시라카와Hideaki Shirakawa가 폴리아세틸렌polyacetylene에 요오드iodine을 혼합해 전도율을 8배 높여, 금속과 유사한 수준을 만들었다. 1990년대 초에는 이온성 고분자 금속 복합체ionic polymer-metal composite가 개발되었으며 기존의 전자성 중합체보다 훨씬 낮은 작동 전압에 작동되면서도 더 견고한 변형태폭larger deformation을 유지했다.

EAP를 포함해 개발된 최초의 인공근육은 2002년 일본의 이멕스Eamex사가 만든 로봇물고기에 적용되었다. 충전기나 모터 없이 간단한 EAP 재료에 의해서 만들어졌고, 작동을 위해 어항 아래와 위에 유도형 코일inductive coil을 설치하였다. 1990년에는 미국 국방 첨단과학기술 연구소Defense Advanced Research Projects Agency (DARPA)가 EAP에 기초를 둔 실리콘과 아크릴 중합체를 만드는 연구를 후원하였다. 이 기술을 인공근육 회사Artificial Muscle company가 2005년도에 더 발전시켜 2008년도에 양산industrial production을 시작하였다. 2010년에 인공근육 회

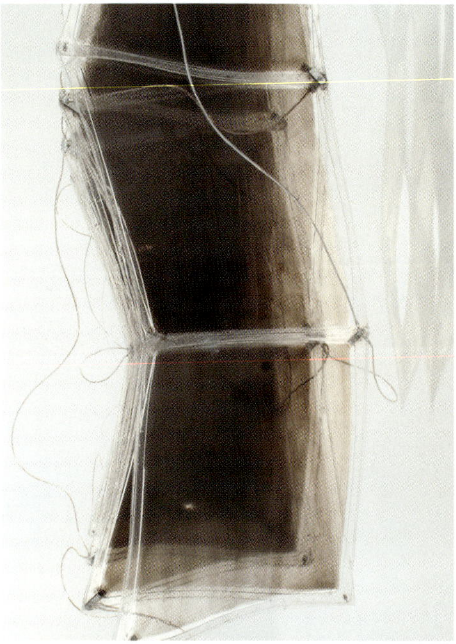

사는 바이에르 재료과학에 합병되었다. 2008년부터 댄포스 사Danfosssms 유전체dielectric EAP 재료의 하나인 폴리파워PolyPower를 양산하고 있는데, 이는 주로 신축센서variable stretch sensor로 사용되고 있다.

전기성 EAP 중 특히 부드러운 유전체 종류soft dielectric variety는 (이들은 흔히 유전체 탄성중합체 dielectric elastomers라고도 불린다) 앞으로 개발 가능한 기능적 성향promising functional properties를 보여주고 있다. 이들은 380%까지 압력strain을 받을 수 있으면서도 극도로 유연하고, 가볍고, 얇으면서 투명하면서도 어떤 모양이나 크기로 제작될 수 있다. 유전체 탄성중합체 중 관심의 대상은 실리콘이나 아크릴로 제작된 얇은 탄성중합체 필름elastomeric film이다. 표막은 양쪽에 코팅이 되어 있거나, 혹은 두 개의 전극compliant electrodes사이에 끼워져sandwich 있다. 이런 구성으로 인해 중합체는 콘덴서compliant capacitor의 유전체 역할을 한다. 전압이 흐르면, 한쪽에서 반대쪽으로 전하가 움직이면서 필름을 두께 쪽으로 누르게 되어, 필름면이 확장된다. 전압이 꺼지고 전극electrodes이 합선short-circuited되면, EAP는 다시 원래 형태로 돌아간다.

이제까지 유전체 탄성중합체dielectric elastomers는 두 가지 유형으로 개발되었다. 적층형stacked, 혹

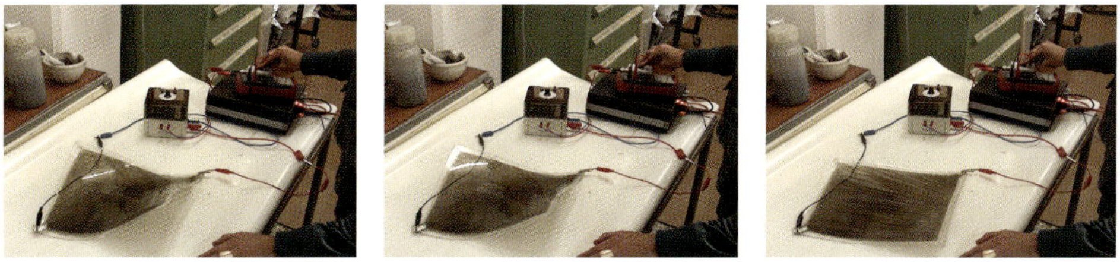

작동된 확장 엑튜에이터 요소 actuator component

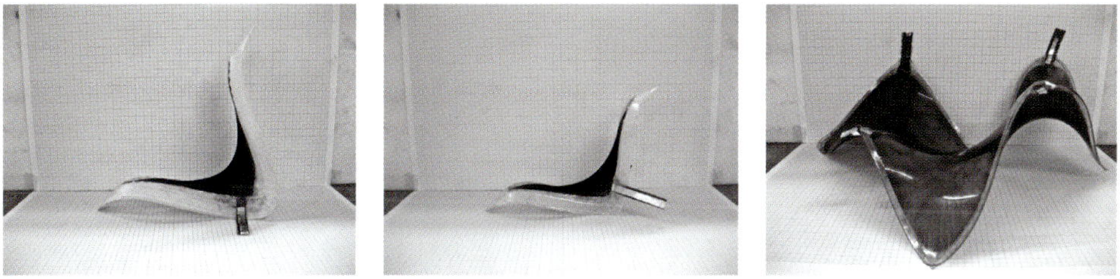

크기, 모양, 신축stretch, 프레임 그리고 소재 관계를 실험하기 위한 반복 연구

은 수축형contractile 엑튜에이터는 수 백에서 수천의 켜로 구성되어 외부의 인장력에 대응할 수 있는데, 작동이 될 때 압축compress되기 때문이다. 반면 확장하는 엑튜에이터 또한 외부의 하중에 대해 면이 눌리는 방향으로 작동한다. 이들은 흔히 작동 전에 미리 당겨져pre-stretch 있는 상태이며, 기계적으로 지지하는 구조나 프레임으로 둘러싸여embraced 있다. 이 시스템에서는 소재material가 활성화 되어 이완relax할 때 지지대support와는 분리release된다.

탄성중합체 엑튜에이터를 성공적으로 작동시키려면 몇 가지 조건이 만족되어야 한다. 필름은 일정한 두께여야 하며, 더 이상 압축할 수 없게 처리되어야 하며incompressible, 전기단열이 잘 되어 있어야 한다. 프레임은 유연하면서도 미리 당겨진 인장을 견뎌낼 수 있어야 하며, 작동되었을 때 필름을 당길 수 있을 만큼 견고strong해야 한다. 그리고 무엇보다도, 전극은 당겨졌을 때도 높은 전도력을 유지하여야 하며, 동시에 최소한의 두께이면서 탄성중합체와 잘 접착되어야 한다. 이 조건은 금속, 카본 블랙carbon black, 혹은 흑연파우더graphite powder 같은 전도성 입자conductive particle를 막 위에 도포spray하거나 발라서brush 만족시킬 수 있다. 이 중합체dielectric elastomer에 작동을 시작하는 높은 직류 전압high-DC activation voltage을 공급하기 위해 높은 전원high voltage sources이나 증폭기amplifiers가 쓰인다. 내구성과 안전을 위해서 완성된 부품component는 수동적 실리콘 층passive silicone layer으로 단열을 할 수 있는데, 이 경우 부품의 작동범위active capacity는 줄어들 수 있다.

*형태변형*은 미학적인 특징aesthetic properties과 부드러운 유기적organic인 움직임을 강조한 인터랙티브한 공간 인스톨레이션이다. 구성은 36개의 동일한 능동적 요소로 위에서 묘사한 바와 같이 만들어졌다. 3에서 5볼트의 직류 전압을 적용되면, 필름은 두터운 방향thick direction(수직적으로 쌓여진 층)으로 수축compress되어 결과적으로 멤브레인(막) membrane의 평면적인 확장이 이루어진다. 막은 유연한 프레임에 연결되어 있어 이완상태relaxed state에서 휘어져 있는 프레임은 작동되면 펴지게 된다.

여러 차례의 실험iteration을 통해, 연구생들은 형태, 크기, 프레임의 폭frame-border width, 소재의 두께 그리고 프레임의 재료를 바꿔가며 움직임이 최대화

되고 추구하던 3차원적인 운동motion이 완성될 때까지 반복했다. 각 요소의 실험과 더불어 전체 구성 방식structural arrangement에 대한 실험 또한 진행되었다. 각각의 제작 방식이 상당한 수동화 작업laborious manual fabrication이 필요하기 때문에 가장 작은 요소로 만들 수 있는 조각 단위tessellation 생산을 목표로 진행되었다. 결국 동일한 요소로 만들어진 아주 단순한 방식arrangement이 선택되었다. 각 부분들을 연결하기 시작하면서, 각 요소들의 운동을 향상시키는enhance 다이나믹한 구성이 가능하면서도 자체적으로 지지하는 구조를 완성할 수 있었다. 하나하나의 형태와 마찬가지로, 조각들이 모여 만들어진 최종적 형태는 탄성중합체와 프레임과의 관계 및 인접한 요소와의 연결 관계로 결정되었다.

EAP의 다재 다능한 가능성이 있는 형태변형shape flexibility에 바탕을 둔 적용분야가 나타나기 시작했다. 이들은 인공근육—보철장치prosthetic purposes 및 초인적인 힘을 위한 외골격exoskeleton 장치까지 포함한—, 미세 전자 기계 시스템microelectromechanical systems (MEMS—미세한 센서, 모터, 노즐 따위 기계장치를 컴퓨터칩 위에 탑재한 첨단 전자 기계장비로 외부 환경 변화에 자동적으로 대처하도록 고안됨), 의료기기, 스피커, 그리고 좀 더 현실적으로 프로그램에 따라 변하는 점자 디스플레이refreshable Braille display나 게임 인터페이스 등이다. 이들의 즉각적 반응성immediacy과 유기적인 느낌의 행동방식으로 인해, 최근의 연구는 두 종류(문어, 오징어 등)의 색소세포chromatophore의 원리를 이용해 부드러운 표면 위에서 능동적으로 위장active camouflage을 할 수 있는 가능성을 탐구하고 있다. 색소세포는 동물의 피부에서 발견되는 색을 바꿀 수 있는 세포이다. 많은 종류의 EAP 엑튜에이터의 성능이 증명되었지만, 아직도 대부분의 경우 주문제작이고, 시중에서 구입하기는 제한적이다.

기계적인 엑튜에이터와 더불어, EAP는 센서로서도 사용 가능하다. 전하를 띤 EAP 기기가 당겨지거나 수축되는 경우, 전극 내부의 직렬 저항serial resistance의 값이 바뀐다. 여기에 더해 EAP는 물리적인 움직임mechanical work를 전기로도 바꿀 수 있으며, 이 경우 유전체dielectric 발전기로 쓰일 수 있으며 이는 바다의 파도에서 에너지를 얻을 수 있다. 또한 이들의 부드러움과 형태의 자유로움은 사용에 편리함을 제공

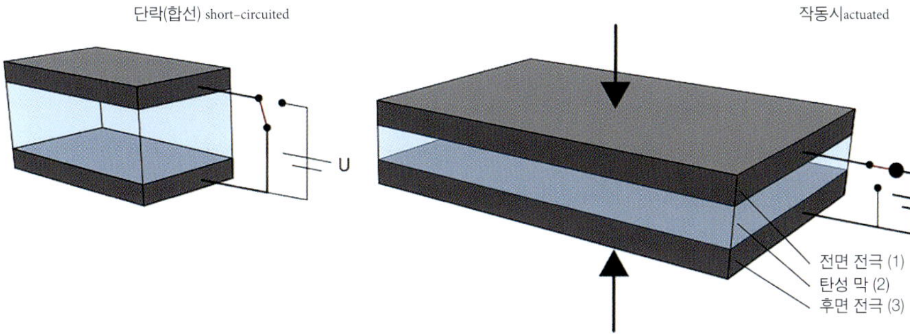

유전체 엘라스터머 작동 원리

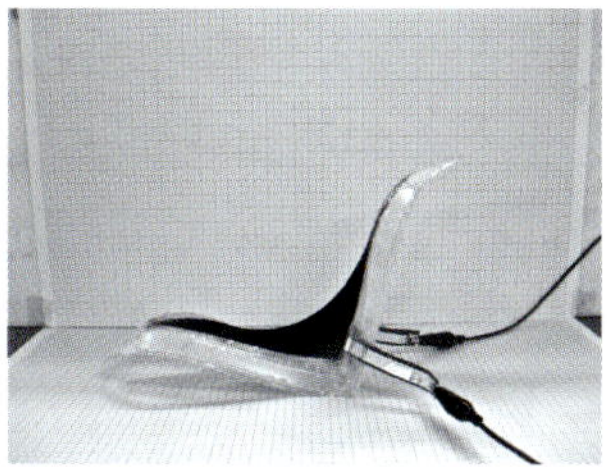

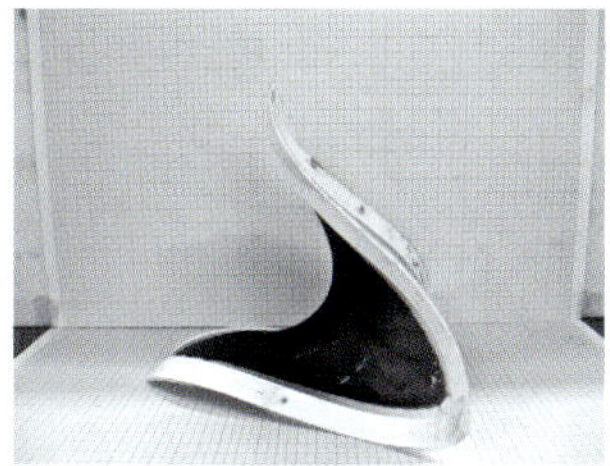

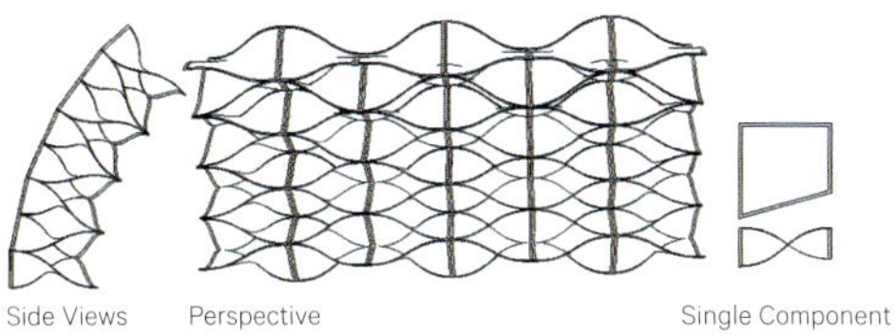

요소들의 최종 배치

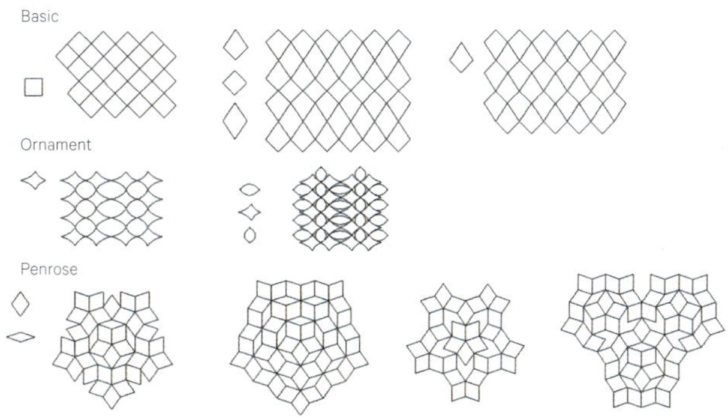

발전단계에서 구상되었던 다양한 배열 옵션

할 수 있다. 아마도 가장 유력하게 EAP는 휴대기기와 주변장치에 유용하게 쓰일 것이다. 터치-디스플레이에 촉각적인 반응을 쓰는 기기는 2018년에 60%이상이 될 것이라고 예상되고 있으며, 이는 5년 동안 이 분야에서 만들 수익의 40% 정도가 될 것이다.

건축분야에서 EAP는 매주 유망한 특징을 가지고 있다. 우수한 균일한 면homogeneous quality, 투명함 그리고 광범위하고 능동적인 변형deformation은 시각적으로 놀라울 정도다. 문제는 작은 스케일scalability과 특히 내구성durability에 있는데, 아직은 건축에서 요구되는 기준을 맞추지 못하고 있으며, 특히 변화하는 환경과 기후에 노출되는 경우 견디는 시간은 더 짧아진다. 생산 자체를 자동화하면 좀 더 내구성 있는 기기를 만드는데 도움이 되겠지만, 안정성 측면에서 본다면 현재 캐리어재carrier material(기본 소재)로 쓰이고 있는 3M사의 VHB 필름very high bond보다 더 성능이 좋은 소재가 필요하다. 공공 공간에서 사용키 위해서는 접근성accessibility, 위치location 그리고 소재의 단열이 고려되어야 한다. 이 요소들은 높은 전압을 사용하기 때문에, 이는 위험성이 있으며 작동 시 관람객이 만지면 다칠 위험이 있기 때문이다.

촉진시키다

정의: 초래하다to bring about, 영감을 주다inspire

관계된 단어: 이끌다conduce (to), 일조하다contribute (to); 시작하다begin, 확립하다establish, 창시하다father, 발견하다found, 개시를 알리다inaugurate, 착수하다initiate, 혁신하다innovate, 도입하다institute, 소개하다introduce, 진수시키다launch, 개척하다pioneer, 건립하다setup, 출발하다start; 진전하다advance, 일구다cultivate, 발전시키다develop, 고무시키다encourage, 조성하다foster, 키우다nourish, 육성하다nurture, 촉진하다promote

Merriam-Webster 온라인에서 2015년 3월 25일"exhilarate" 찾아봄. http://www.merriam-webster.com/dictionary/exhilarate.

CATALYZE

철학적으로 생각해보면, 인터랙티브 건축은 디자인의 역할을 바꿀 수 있는 독특한 위치에 있다. 즉 단순히 디자인을 완성시키는 역할이 아니라 디자인이 어떻게 진보evolve할 수 있는 지에 대한 질문을 던진다. 어떤 면에선 인터랙티브 건축을 디자인하는 행위는 미래 자체가 아니라, 미래를 위한 발판platform을 만드는, 객관적이고egoless 창발적인emergent 시도endeavor여야 한다. 이런 태도는 숭고하면서도noble 깊은 조예profound가 필요한데, 왜냐하면 디자이너는 사용자를 이해하고 그들을 위해 디자인을 하면서도, 동시에 사용자 자신이 디자이너가 되도록 인터페이스 및 도구들을 발전시켜야 하기 때문이다. 무소부재한ubiquitous 스마트폰이 강력한 이유는 외부와 연결된 기기여서가 아니라, 어플리케이션을 위한 플랫폼platform이라는 사실이다. 스마트폰은 우리가 생각지도 못한 디자인이나 아이디어를 위한 촉매가 되었다.

시작하기 앞서 용어terminology부터 살펴보도록 하자. 적응adaptive이라는 어휘는 기계적인 패러다임에서 점점 생물학적인 용어로 많이 쓰이게 되면서, 제어영역the area of control에 틈새gap을 남겨두게 되었다. 건축디자인을 생체모방적 접근으로 볼 때, 로봇 공학robotics은 이 틈을 채워준다. 바이오로보틱스biorobotics 건축은 로봇 제어가 적용된augment 생체모방기술adaptation을 뜻한다. 이 분야의 프로젝트는 건축을 단순히 상호작용의 상태를 넘어 자신 주변의 세계에 적응하고 같이 발전evolve할 수 있는 촉매로 생각한다. 인공두뇌cybernetic 시스템은 포괄적으로inclusive 유기체organism, 기계machine, 조직organization 그리고 환경을 포함한다. 서문에서 언급했듯이, 노버트 위너Norbert Wiener는 1948년에 인공두뇌학을 "동물과 기계 사이의 제어control 및 소통communication"을 연구하는 과학이라고 정의했다.[1] 두 번째로 명확히 할 사항은 생체모방은 1969년 오토 슈미트Otto Schmitt에 의해서 자연의 시스템, 프로세스 그리고 모델을 연구하여 인간의 문제를 해결하기 위해 만든 과학적 접근방식이다. 바이오사이버네틱스biocybernetics는 상대적으로 새로운 용어로 생물학에 인공두뇌학을 적용하려는 추상적인 과학이다. 마지막으로, 로봇공학robotics는 여기서 프로그램에 의해서 움직이는 기계적인 물체agent를 뜻한다. 이런 용어를 명확히 하는 의도는 로봇공학이 자연의 생체 모방 적용체adaptation에 제어augmented control의 수단으로 쓰일 수 있는 지에 대한 가능성을 명확히 하기 위해서이다.

초기의 선택해 적용했던pick-and-place 로봇은 건축적인 환경architectural scenarios 안에서 하향조절top-down control의 시스템을 적용하였다. 모듈러modular 로봇은 반면에 분산제어decentralized control를 통해 움직인다. 시스템 속 각각 개체의 요소들이 어떻게 행동해야 하는지 지시하는 중앙 제어 구조가 없음에도 불구하고, 개체 모듈 사이의 지엽적인local 상호작용은 대국적 행동global behavior을 발생시킬 수 있다. 대부분의 건축 적용 프로그램application은 자기 조직적self-organizing 이지도 않고, 자기학습적heuristic이거나 상징적 의사결정symbolic decision-making 능력이 있는 높은 지성higher-level intelligence functions을 갖추고 있지 않다. 하지만 대부분의 프로그램은 자동적인 응답과 소통이 가능한 낮은 수준의 지능 기능low-level intelligence function에 바탕을 둔 행동이 가능하다. 이 책의 본 예시들도 이런 분산제어distributed control가 대규모 시스템에 적용되는 경우 창발적 행동emergent behavior의 가능성이 있다. 창발적 행동은 몇 개의 간단한 시스템이 하나의 환경 안에서 작동하여 공동집단지성collective으로서 복잡한 행동을 하는 것을 뜻한다. 예를 들어, 착생식물의 방 Epyphyte Chamber은 필립 비슬리가 디자인한 건축환경 프로젝트의 경우 많은 반응 장치가 분산되어 있는데, 마이크로프로세서, 센서 그리고 엑튜에이터 시스템이 활동적 기능kinetic function과 통합된 유연한 경량lightweight 구조 안에 통합되어있다. 비슬리의 표현을 빌리면, "착생식물은 토양이 없이 자랄 수 있는 식물로 마치 뿌리를 내리지 않고 세상을 돌아다니는 듯hovering unrooted world 하다."라고 하였다.

이 장의 모든 프로젝트에서, 환경은 인터페이스로서 표현articulate된다. 인간 행위를 감지sensing of human factors하는 해결방법resolution, 인터페이스 자체의 발전 등은 우리가 건축공간이나 사물과 상호작용을 어떻게 상상하는가envision에 큰 영향을 끼칠 것이다. 인터페이스 디자인은 센서의 발전 및 생산과 밀접한 연관이 되어있는데, 데이터와 정보를 모으는데 상상할 수 없었던 새로운 방식들이 나타나고 있으며, 상호작용의 무형적 형식인 동작gensture라든지 심지어는 뇌파 인지까지 그 폭은 넓어지고 있다. 건축에 인터페이스를 심어 환경과 사용자가 상호작용하는 것은 곧 일반화될 수도 있다. 건축의 시나리오가 직접적인 감지와 반응의 조건을 넘어 발전되면 우리는 이에 맞춰 좀 더 자연스럽고 즉각적인 제어방식을 만들어야 할 것이다. 많은 건축분야 전문가들은 인터랙티브 미디어의 선례를 연구해 배우고 있으며, 인터랙티브 디지털 환경을 제어하기 위한 기술들을 흡수하고 있다. 사용자들이 디지털 정보를 제어하고 상호작용하는 기술은 세가지로 분류할 수 있다. 멀티터치를 포함한 터치 방식, 제스처gesture 방식, 그리고 인지를 통한 조절cognitive control이다. 현재로서는 터치 방식 인터페이스가 가장 흔하며, 건축에서 몸짓 방식은 아직 기초적인 단계이며, 인지조절 방식은 개발 중이지만, 흥미로운 가능성을 내포하고 있다.

제스처 언어는 아마도 가장 흥미로운intriguing 제어 수단인데, 이는 실제적으로 물리적 상호작용을 가능케 하기 때문이다. 멀티터치 장비hardware 기술은 건축에 중요한데, 인터페이스를 조정하기 위한 제스처는 공간에서 실재 물체tangible object와 하는 행동을 모사replicate하기 때문이다 실제적인 공간의 제스처를 통한. 건물의 요소building component의 물리적인 조작gestural physical manipulation은 기기device나, 언어speech, 인지cognition를 통한 조작보다 상대적으로 더 건물에 적합하다고 할 수 있다. 나와 알린 폴란치크가 개발한 제스처 프로젝트는 로봇과 인터랙티브 건축의 다양한 연구에 중요한 중재의 예가 될 것이라고 생각한다. 건축 시나리오가 직접적인 감지 및 반응의 조건을 넘어서면, 좀 더 직접적이면서도 자연스러운 제어방식을 필요로 할 것이다. 현재의 상호작용 제어방식interactive control은 아직도 포켓용 모바일 기기나 감지 능력에 제한되어 사용되고 있다. 인터페이스(라고 불릴만한)의 역할을 하는 기기를 통해 사용하는 방식은 아직도 전형적인 부자연스러움이 있다. *제어의 규약conventions of control*은 건축과 인간의 상호작용이 좀 더 직관적인 제스처 gestural vernacular를 따라야 하며 이는 매개역할을 하는 기기(가) 없이device-free 다양한 입력 방식을 수용해야 한다는 것을 보여주고 있다. 이 프로젝트는 건축을 인터페이스화하여 사용자는 환경과 상황에 따라 변하는 제스처 언어adaptive gestural language를 통해 직접적으로 상호작용할 수 있다. 물리적인 세계와의 상호작용, 혹은 놀이play는 인간이 현실을 이해하고 사회화 하는데 매우 중요하다. 기기나 인터페이스, 궁극적으로는 제스처에 기반을 둔 구축환경전체를 제어하기 위한 어휘의 진화evolution는 이런 관계와 이데올로기ideology를 반영하며 발전하여야 한다.

베나즈 파라히 보우잔자니Behnaz Farahi Bouzanjani는 *제어의 관습*에서 보여준 적응하는 제스처 제어를 건축 환경으로 추상화abstracting하여 선례가 없는 방식으로 한 단계 더 끌고 간다. 프로젝트 *외부변형적 건축Alloplastic Architecture*에서 의도는 자연에서 발견되는 연성soft 적응 시스템adaptive system처럼, 사용자의 움직임에 의해 형태를 바꿀 수reconfigure 있는 공간을 만드는 것이었다. 프로젝트의 주 관심focus은 재료, 형태 그리고 제어의 인터랙티브 시스템 사이의 관계였다. 건축평론가 산포드 퀀터Sanford Kwinter가 얘기하듯, "연성 시스템soft system은 내부적으로 조절되는 메커니즘internal regulating mechanism에 의해 진화하지만, 언제나 외부에서 오는 힘과 영향(정보)과 협력하여 변화한다."[2] 보우잔자니는 사용자들의 제스처bodily gesture와 시각적인 표현, 의례적 행동rituals of behavior에 대한 이해를 늘려가면서 이에 따라 반응하는 공간을 만들었다. 이 프로젝트는 목소리로 제어되고gutturally controlled, 완전히 변화 가능한 구조completely malleable structure의 디자인에 숨어있는 중요한 이슈와 디자인 과정의 선택에 대한 분석을 한다. 이 프로젝트의 가장 큰 목적contribution은 사용자의 몸 움직임에 따라 공간이 다양한 기능performance를 만족시키기 위해 변형되는 물리적인 환경을 예시한다는 것이다. 이는 마치 마이크로소프트 사의 키넥트Kinect나 다른 원격 감지 기기들이 우리가 우리의 환경과 소통하는 방식을 위해 일상적으로 쓰일 때 가능한 상황을 보여주고 있다. 보우잔자니는 더 이상 디자이너의 역할이 형태를 결정하는 것이 아니라, 자율적이고 역동적인 가능성을 위한 초기 상태를 계획하는 것이라는 것을 보여준다. 예를 들어 철학자 마틴 하이데거는 기술technology에 대해 가진 회의나 보수성에 의문을 던진다. 하이데거는 기술의 소외 효과alienating effect에 대해 비판하였는데, 이는 일반적으로 건축 분야에서도 아직 계속되는 담론이다.[3] *외부변형적 건축*은 기술은 소외의 원인이 아니라 근대적인 조건에서 태어난 소외를 방지할 수 있는 수단이 될 수도 있음을 보여준다.[4]

중요한 것은 제어되면서도 (다른 단계에서는) 자신을 제어할 수 있는 시스템은 디자인의 촉매역할을 할 수 있다는 것이다. 보우잔자니는 말한다. "건축가는 더 이상 형태를 계획하는 것이 아니라 초기 조건을 만들어 제어되는 제한 사항들만을 도입하고 구조가 스스로 작동되어 실시간으로 자신의 형태를 찾아가도록 만든다. 그리하여 결과적으로는 생각지도 못한 형태들이 나타난다." 그의 말처럼, 인간과 환경의 요구사항을 해석하고 이에 반응하여 건축 시스템은 세부적인 사항에서부터 출발해 영향을 받아들이고malleable 자신을 구성한다. 고든 파스크Gordeon Pask가 *진화적 건축An Evolutionary Architecture*에서 얘기하듯 말이다. "건축가의 역할은 건물이나 도시를 디자인하는 것이 아니라 촉매작용을 하는 것이죠, 그들이 진화할 수 있도록."[5]

착생식물의 방 EPIPHYTE CHAMBER
Philip Beesley

착생실물의 방 Epiphyte Chamber이 서울 현대미술관에 설치되었다.

*착생식물의 방*은 기계의 베일mechanical veil로 구성된 무리 모양의 덩어리halo-like masses들로 상호 연관된 공간을 구성한 작업이다. 이렇게 만들어진 환경은 원시적인 사회적 건축primitive social architecture으로 기능하여 관람객들에게 다양한 행위가 가능한 소규모의 장소를 제공하고 이 공간들이 모여 전체적으로는 큰 모임공간이 만들어 진다. 레이저로 가공된 아크릴, 마일라 테이프Mylar, 유리 그리고 알루미늄 요소들이 수천 개가 모여 머리 위에 필터 환경을 조성하여 사용자와 주변 환경surrounding milieu 사이에 확장된 경계diffusive environment를 만든다. 곳곳에 설치된 센서를 통해 키네틱 부품이 모인 벌집에서부터 움직임이 시작되어 연동파peristaltic wave처럼 퍼져 나간다. 전체적인 형상은 그물 조직 표피처럼 구성되어 교류가 가능한 분위기를 만들어 사용자 사이에 소통되도록 하였다.

*착생식물의 방*은 열성형된 아크릴 다이어그리드 구조thermoformed acrylic diagrid spars로 만들어진 1세대 구조 시스템으로 거대한 버블과 두개골 속 부비강이나 개미집 둔덕의 터널과 같이 엮어진 보이드void로 구성된 다공성 인프라porous infrastructure를 만들어 낸다. 이런 비계scaffold로 만들어진 공간에 난기류 같

형상 기억 합금 메커니즘이 설치된 상체 클러스터 Frond cluster들은 관람객이 접근하면 반응하여, 구부러지면서 빛을 발산해 원세포를 자극하고 일련의 움직임chains of motion을 일으킨다.

은turbulent qualities 성질의 하이브리드 토양hybrid soil이 섞여(엮여)있다. 이 토양은 화학교환반응chemical exchange 및 접히고 갈라진 형태, 그리고 수천 개의 능동적인 기계 요소가 뒤엉켜 끓어오르는 성질을 보여준다. 엽상체 (종려나무나 양치식물의 길게 갈라진 잎) 모양의 송이Frond clusters들은 기억형상합금으로 만들어져 관람객들이 다가오면 휘어지면서 빛을 발산하고 원세포protocell를 자극해 연쇄적인 움직임chains of motion을 일으킨다. 이런 송이들을 구름처럼 둘러싸고 있는 용기들은 소금과 설탕 수용액으로 이뤄져 습기를 발산하거나 흡수한다. 또 다른 일련의 용기는 공기 중에서 이산화탄소를 흡수할 수 있는 용액이 있다. 치환가능한 레지스터shift-register 마이크로프로세서로 구성된 반응하는 LED 조명은 관람객들의 움직임에 맞추어 섬세한 빛이 움직이는 구름을 만든다. 합성세포synthetic cells가 들어있는 플라스크는 엽상체 그룹 중앙에 놓여있다. 향기를 내뿜는 분비샘scent-emitting glands은 관람객들을 마음을 끌고, 원세포 형성protocell formation 및 증가된 공기순환과 더불어 시스템과의 상호작용을 유도한다.

관람객은 구조가 뒤섞여 있는 캐노피로 둘러 싸인 친밀한 공간으로 들어온다. 공간 안에서 움직이면서 관람객은 센서가 부착된 촉수로 가득 찬 벽과 만나게 된다. 이 센서는 조각적인 형태의 비계scaffolds에 고정된 형상기억 모터와 연결되어 이 유연한 구조가 표현력 있게 움직이도록 한다. 움직임에 반응하여, 동물의 혀 같은 끈tonguelike lashes이 움직여 지나가는 관람객을 부드럽게 어루만진다gentle, undulating caresses. 간단한 컴퓨터 기기와 센서의 네트워크를 통해 관람객의 위치는 파악되어 이에 따른 온화한 근육운동의 증감을 보여주는데, 이는 마치 숨을 쉬는 은은한 건축의 느낌sense of a breathing, ambient architecture를 전달한다. 유기체의 피부에 있는 분비선glands, 땀구멍pores 그리고 모낭hair follicles같은 기능을 하는 수백 개의 작은 메커니즘이 조각 전체에 분포되어 있다. 센서가 있는 수염은 관람객이 만지면 말려들거나 실룩거리면서 습기가 있는 공기, 향수, 그리고 유기재organic material를 분비선과 트랩trap위로 내뿜는다.

근접한 요소들은 서로 정보를 전달해, 파도처럼 시그널을 전파한다. 직렬 통신 연결serial communication connections에 의해 네트워크로 연결된 포대기형 루프nested loops 마이크로프로세서들은 각각의 이벤

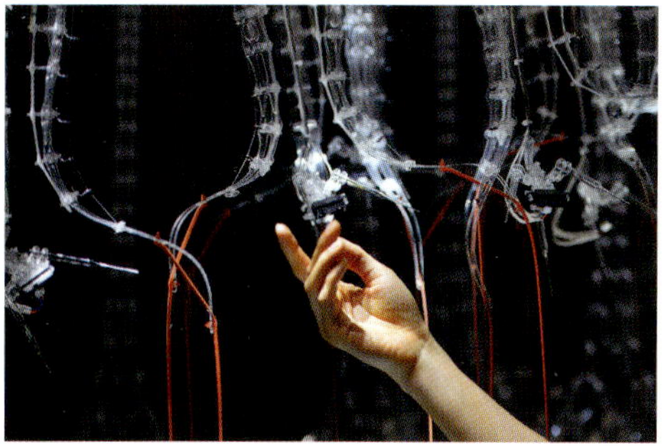

관람객들이 엮인 구조물interwoven structures과 섬세한 케노피로 이루어진 친밀한 공간 안을 거닐고 있다.

트에서 시작된 반응으로 밖으로 확장되고, 다시 메아리로 돌아와 겹쳐지게 된다. 소프트웨어 기반 통신에 더해 물리적인 통신 시스템이 있다. 형상기억 합금 엑튜에이터에 부착된 끈들은 주변의 센서들에 가끔 자극을 주어 자신으로 시작된 시그널을 통해 움직임이 시작되어 점점 더 큰turbulent 순환을 만든다. 관람객의 활동이 많아지게 되면 공간의 구조는 물리적인 자극에 소프트웨어적으로 진행되는 소통자극이 합쳐져 점점 더 큰 활동instability을 한다.

기계 부품 시스템mechanized component system 외에도, 인간의 림프계 시스템의 교체 기능과 유사한 화학적인 교류를 가능케 하는 습식 시스템wet system이 설치되었다. 인공 소화 액체와 소금을 담은 수천 개의 샘gland들이 시스템 전체에 걸쳐 배치clustered되었다. 내부에 적응하는 화학물은 주변의 수증기에서 탄소를 포획하며 섬세한 구조 비계delicate structural scaffolds를 형성했다. 엔지니어링 된 원세표engineered protocell—이는 액체로 구성된 인공세포로 자연의 살아있는 세포와 어느 정도의 특징을 공유하는 것인데—은 내장형embedded 인큐베이터 플라스크에 넣어졌다. 관람객의 움직임에 의해 만들어진 빛과 진동의 돌발burst은 원세포의 성장에 영향을 주며, 이를 통해 소낭vesicle의 형성을 돕는다. 식초가 담긴 유리 플라스크에 구리와 알루미늄 전극이 담긴 유기적 배터리organic battery는 내부적으로 아주 작은 전기를 생산하여, 미묘한 흔들림과 소음을 발생하는 음향 발생기를 작동시킨다. 구조의 계층화된 메커니즘으로 파도처럼 떨림이 지나면, 관람객은 몸 주위로 움직이는 공기, 조용한 부스럭거림quite rustling, 액체가 담긴 매달려있는 플라스크에서 생겨나는 응축 및 침전과정을 통해 만들어진 결정의 형성 등의 미묘한 영향을 인지할 수 있다

*착생식물의 방*은 일상적인 집에 반대한 매우 원시적인 욕구를 표현한다. 착생식물이 만들 수 있는 공간은 감정적으로 고조된 공간이다. 한편으론 소통의 낙관성, 생성의 느낌, 그리고 시작의 원천 같으면서도 다른 한편으론 자연이 소멸되며 보여지는 고뇌를 보여주는 듯 하다. 이런 감정 사이를 오가면서, 공간은 관람객을 둘러쌓은 원시적 주거primordial home 형태를 제공하며, 급진적으로 확산radical dispersal되는 분위기 속에서 가장 안락한 쉼터를 제공한다.

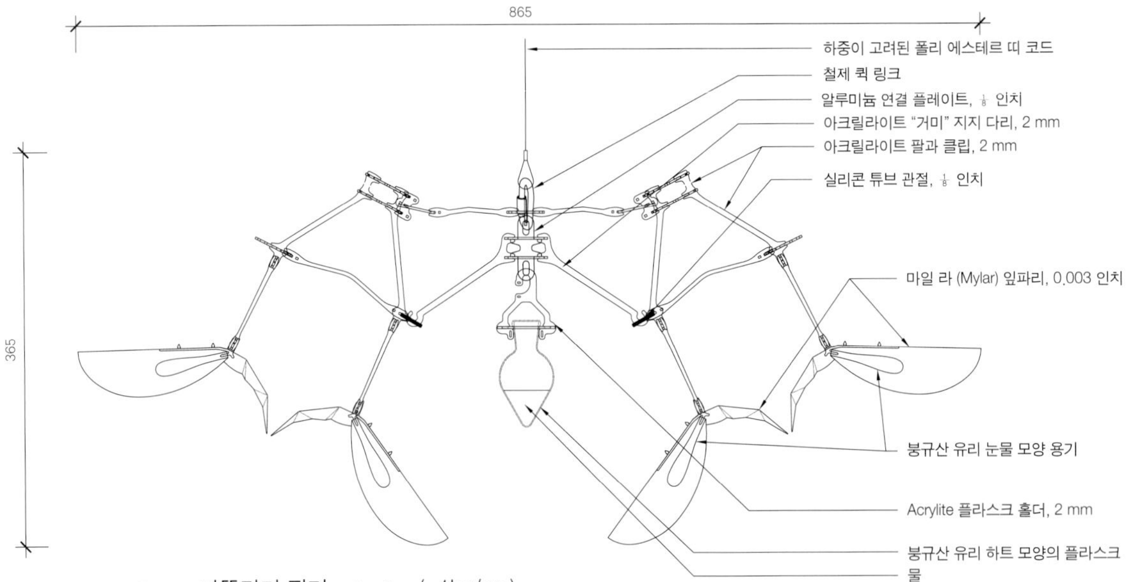

1/D2 귀뚜라미 필터cricket filter (~1kg/ea.)

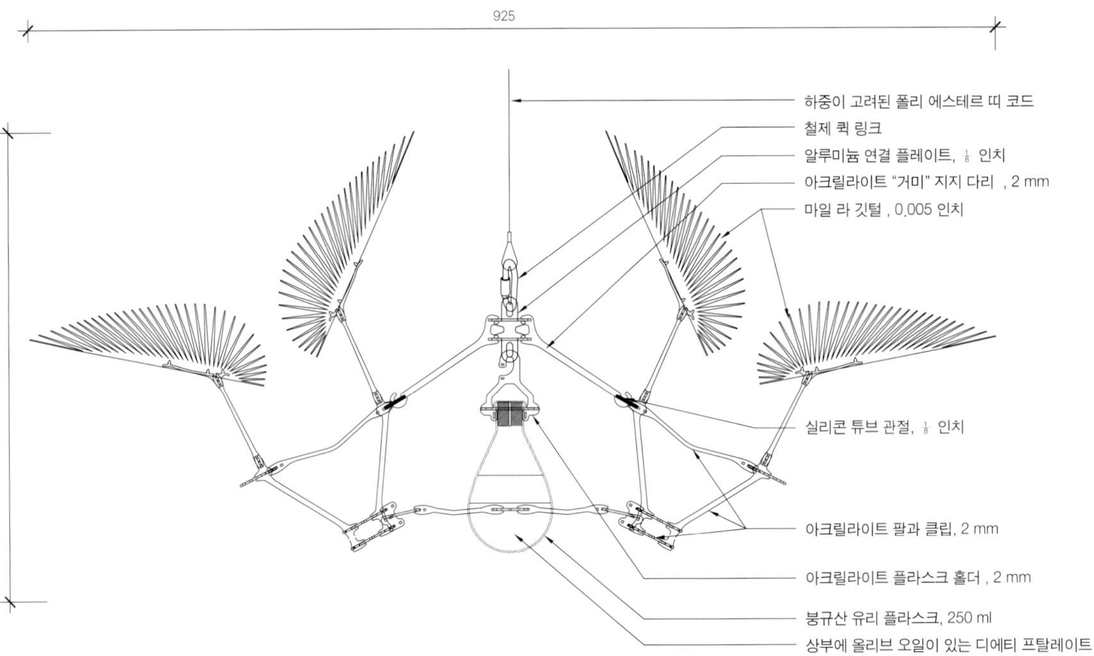

3/D2 귀뚜라미 필터cricket filter (~1kg/ea.)

이 페이지와 다음 페이지:
에코시스템의 복잡함을 보여주는 건축도면

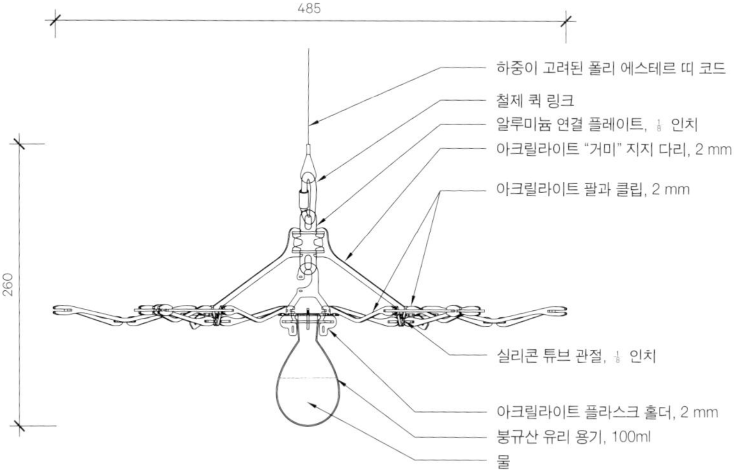

2
D2
베어 고스트 필터 (~0.5kg/ea.)

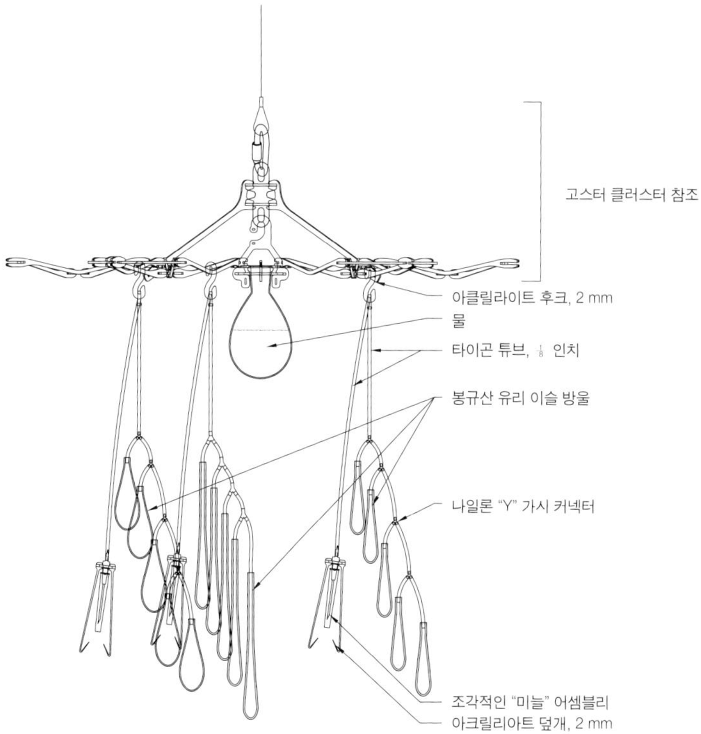

4
D2
유리 이슬방울과 베어 고스트 필터 (~1kg/ea.)

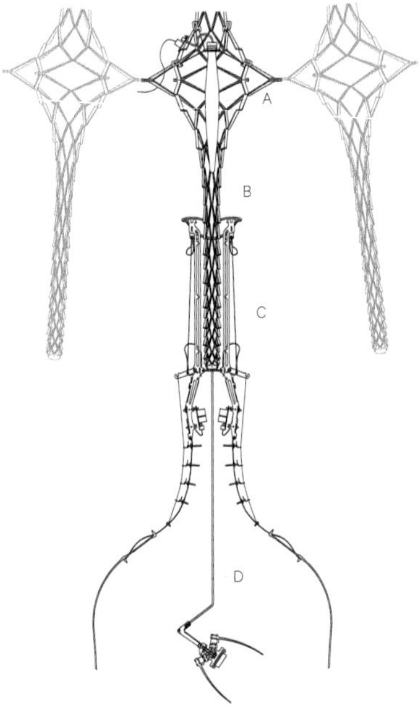

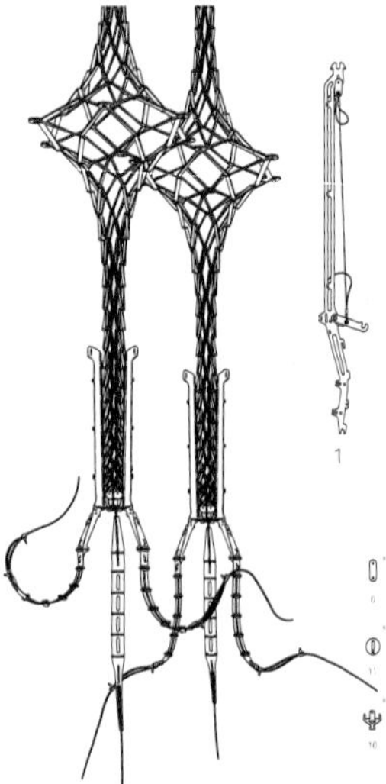

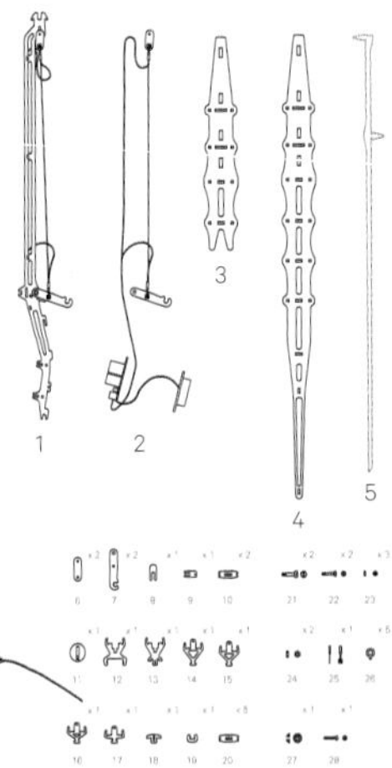

촉수 클러스터

A 높은 전원 LED 반사판과 프로토셀 플라스크
B 열 성형 다이아그리드 아크릴 스파
C 형상 기억 합금 엑튜에이터가 부착된 촉수
D LED 반사판 및 적외선 근접 센서

촉수 조립체

1 알루미늄 고정 마운트
2 형상기억 합금으로 작동되는 레버 조립체
3 코폴리 혀 보강재
4 코폴리 혀
5 이소프렌 중합체 끈

이 작업은 자연과 구축환경built environment 사이에 일어나는 불편한 교류promiscuous exchanges에 대한 질문을 던지고 있다. 여기에는 개인적인 경험의 느낌이 존재한다—공중에 떠있는 작업의 느낌은 개인의 신체 감각들, 즉 송과선pineal gland (좌우 대뇌 반구(大腦半球) 사이 제3뇌실(腦室)의 후부에 있는 작은 공 모양의 내분비 기관)이나 흉골sternum 또는 팔꿈치, 무릎, 손바닥의 신경묶음을 연상시킨다. 신경센터의 느슨하게 얽힌 클러스터는 하나의 완전한 의식이 있는 통합된 존재가 아닌 거칠게 조절된 종roughly aligned species을 암시한다. 대중의 참여를 위하여 집단적인 설치와 새로운 유형의 공공 건축을 추구하였다. 기존의 전통적인 공공 광장과 만남의 공간이 정부의 엄격한 통제 아래 있었다면, 현대적인 모임의 공간은 어떤 성격을 띠어야 할 것인가? 이 작업은 건축이 공공의 안식처collective sanctuary로서 기능할 수 있다는 새로운 믿음을 표현하고 있다. 작업의 스케일은 관람객을 다공적이고 확산되는 캐노피 및 계층화된 막을 통해서 마을단위의 tribal 스케일에서 작용하도록 유도한다. 소재의 난류material turbulence를 디자인의 가장 중요한 특징으로 삼아, *착생식물의 방*은 일상적인 전시objective performance를 넘어 문화적 아이콘cultural iconography이 된다. 엄격한 인간 중심의 권력이 아닌, 광범위한 시스템의 상호적인 관계를 통한 새로운 윤리성이 암시하고 있다.

*착생식물의 방*의 디자인은 진행되고 있는 *Hylozoic* 시리즈, 즉 경량 직물 구조, 반응 메커니즘, 분산 연산 제어 그리고 화학적 신진 대사 시스템을 결합한 개방적이고 진화하는 실험적인 건축 인스톨레이션 시리즈의 하나로서 등장하였다. 2007년에 몬트리올에 위치한 보자르 박물관에 전시된 *Hylozoic 토양*이 시초가 되었으며 워털루 대학과 연관된 생활 건축 단체Living Architecture Collective에서 기여한 많은 작업이 더해졌다. 마이크로 프로세서 기반 형상기억 합금 메커니즘 및 합성 생물을 담는 유리 용기의 밀집을 통해, 작업은 움직이고 숨을 쉬는 몰입되고, 상호작용하는 환경을 창조한다.

인터랙션 디자인 학생들과 함께 작업한 홍콩 폴리테크닉 대학의 전시. 제스처의 근접에 따라서 사용자 사이의 벽의 투명도가 조절된다.

제어의 규약 CONVENTIONS OF CONTROL

Michael Fox and Allyn Polancic

이 프로젝트에서 마이클 폭스와 엘린 폴란칙은 제스처 언어의 생성과 관련된 직관성notion of intuition의 동적인 건축 공간의 원격제어를 위한 특징을 드러내기 위해, 건축 제스처의 목록catalogue을 제작하였는데, 이는 건축적 행위를 위한 제스처를 고안하기 위해 마이크로소프트 사의 키넥트Kinect 센서와 기계를 이용해 건축 요소들을 움직이기 위한 가장 직관적인 행위들을 발견하려 하였다. 이 연구는 건축적인 환경과 관련해 몸과 공간의 관계의 중요성을 보여준다. 제스처 제어Gestural control은 격벽partition walls, 천창, 문, 창문, 조명 및 온도를 조절하는데 쓰여질 수 있다. 입력수단으로서의 제스처는 쉽게 생물학적인 센서 데이터biological sensory data로서 진화할 수 있으며 온도나 조명 제어에서 언어의 필요성을 제거할 수도 있다. 물론 제스처는 창문opening같은 건축적 요소의 제어에 항상 유용할 것이다.

이 프로젝트는 건축분야가 제어를 위한 의제agenda 발전에 한 부분을 담당 할 수 있는 첫 번째 단계이다. 동적인 건축 환경을 제어하는 어휘를 제작함에 있어, 폭스와 폴린칙의 연구는 모바일 및 미디어 인터페이스의 통합된 터치 및 제스처 언어

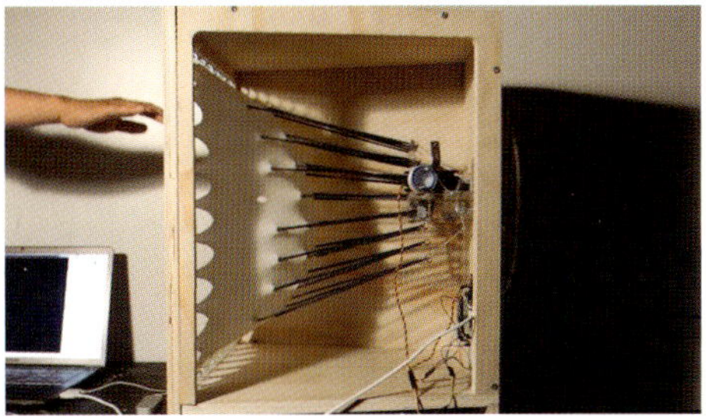

제스처로 제어되는 네비게이션 화면이 벽을 가로 질러 이동하는 건축 스케일의 전시

학생들 다지인은 기계적으로 구동되는 입면 프로토타입에 복잡한 제스처 입력을 활용하고 있다.

에 기반해 발전을 시도한다. 다음 단계는 건축적인 상황에서 가능한 행위들을 규정해서 건축공간을 구성하는 시스템에서 제스처 제어의 가능성을 이해하는 것이었다. 이렇게 해서 제안된 (제스처) 어휘가 건축적 상황에 적용할 수 있는 기존의 직관적인 제스처 언어와 비교되어cross-referenced 제시되었다. 제안된 제스처 어휘는 사용자가 생성한 제스처와 다음과 같은 분야에서 테스트되었다: 발전가능성frequency for invention, 학습 용이성, 기억의 용이함, 수행의 용이함performability, 효율성 및 에러 가능성. 실험은 각각의 키네틱 건축 요소 및 실험 대상자들의 제스처를 추적하는 키네틱 센서를 설치한 셀(방)에서 따로따로 실행되었다. 시험 공간에서, 피험자는 제스처만으로 어러 건축적 구성 요소를 제어하도록 요청되었다. 움직임과 몸의 위치는 기록되고 분류되어, 사용자가 생성한 직관적인 제스처들의 분류체계가 만들어졌다. 분석을 통해 직관적인 제스처는 이미 우리가 알고 있는 여러 가지 제스처 언어와 유사한 것으로 나타났다. 프로젝트를 통해 우리는 상대적으로 특정한 건축적 작업task를 위해서 직관적인 참조 범주most referenced category를 발견하고자 하였다.

사용자가 일정 수준의 기술적 지식이 없는 경우, 하나의 요소가 어떻게 물리적으로 작동하는지를 이해하지 못할 것이며, 이 경우 쉬운 동작으로 조작하지도 못할 것이다. 제스처를 통한 제어는 인터랙티브한 환경을 향상시켜야 하며, 사용자에게 부담을 주어서도 안 된다. 제스처의 궁극적인 목표는 신호를 보내는 것이다. 신호에 의해 무언가가 열리고, 닫히고 혹은 회전하건 간에, 이는 컴퓨터 프로그램과 건축 메커니즘에 의한 것이지, 사용자가 작업에 관여할 필요는 없는 것이다.

물리적인 건축환경과 제스처 제어의 관계를 이해하기 위해, 완벽하게 기능하는 프로토타입이 만들어졌으며, 이는 천정이 없는 방이 세 면으로 이루어져 있다. 벽에는 독립적으로 제어할 수 있는 세가지 창문과 문이 설치되었다. 또한 Y 축으로 앞뒤로 움직일 수 있는 파티션 벽과, x 축으로 열리거나 닫힐 수 있는 하나의 창이 설치되었다. 기본적인 동작인식을 위해 시험 대상의 제스처를 추적하는데 키텍트 센서가 사용되었다. 버튼을 눌러 조작하는 것에 비해, 센서는 실제 현실세계에서 일어

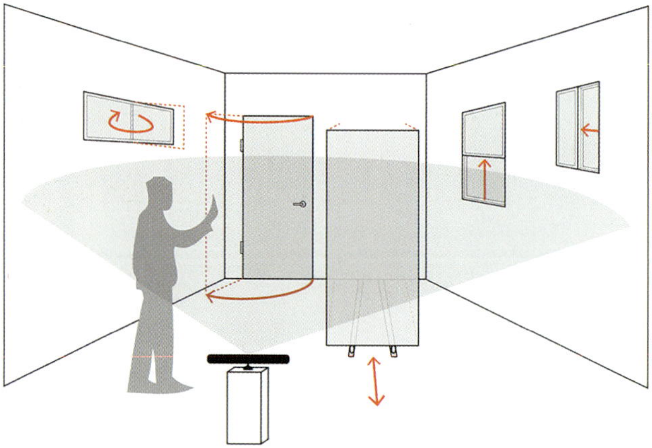

제스처 제어를
위한 테스트 셀

나는 동작을 모방하는데 적절한 수단이었다. 프로토타입의 성능 범위parameter 설정을 위해서, 몇 가지 핵심 전략에 초점이 맞춰졌으며 이는 (1) 제스처 (2) 물리적인 운동(이동) (3) 스케일이다. 이런 접근법의 최종 목적은 앞으로도 발전할 다기능적인 상황까지도 고려한 혁신적 디자인이었다. 미래의 적용 아이템future application은 전동 롤러로 움직이는 블라인드나 벽에서 밀어져 나올 수 있는 테이블 등을 포함할 수 있다.

음성제어나 유사한 기술이 공간과 사용자의 관계를 점점 유리시키는데 반해, 무용 같은 형태로 진화하는 제스처 언어를 포함한 증강현실은 흥미로운 가능성을 내포하는데, 이는 또한 실제 현실에서 건축 요소들이 물리적인 개입 없이 움직이는 것을 포함할 수도 있다. 이제 사람들은 터치를 통해 환경을 조작하는 것을 자연스럽게 여기기 때문에, 이런 관계는 건축에서 매우 중요하다. 건축의 경험은 1차적으로는 시각적이지만, 물리적인 느낌이 매우 중요하다. 우리는 마치 그림을 감상하듯이 건축적인 구성을 2D (2차원적)로 눈으로 감상한다. 하지만, 건축의 가장 심오한 경험은 시각적으로 느끼는 거리, 비례 그리고 소재가 육체와 관련해 해석되면서 시작된다. 이것이 바로 물리적인 관계physical relationship이며 이는 항상 건축요소와 물리적인 관계 및 공간 안에서 움직이면서 확인verify된다. 실제 세상과 물리적으로 상호작용하는 것은 인간이 현실을 이해하는 학습 방식 중 가장 중요한 측면이며, 제어 인터페이스로 활용되는 이 프로젝트의 제스처 언어는 이런 관계와 이데올로기ideology을 고려하여야 한다.

건축적 스케일에서 제스처 상호작용에 대한 이해를 돕기 위한 이 첫 실험이 끝난 후, 리프 모션 센서Leap Motion sensor를 이용한 차후 프로젝트가 학생들에 의해 실행되었다. 리프모션센서는 아주 작은 스케일의 손 동작 등을 이해할 수 있으며, 그 크기는 센서 위로 60cm 정도의 정육면체 안을 감지한다. 제스처 제어에서 이 정도 스케일에서의 많은 실험 등이 이루어져, 이는 앞으로 전반적인 큰 동작과 아주 작은 동작 인지 사이의 균열을 이어주게 된다.

우리는 건축의 요소들을 조작함에 있어서 제스처 조작이 기기, 음성, 인지나 다른 방식보다 더

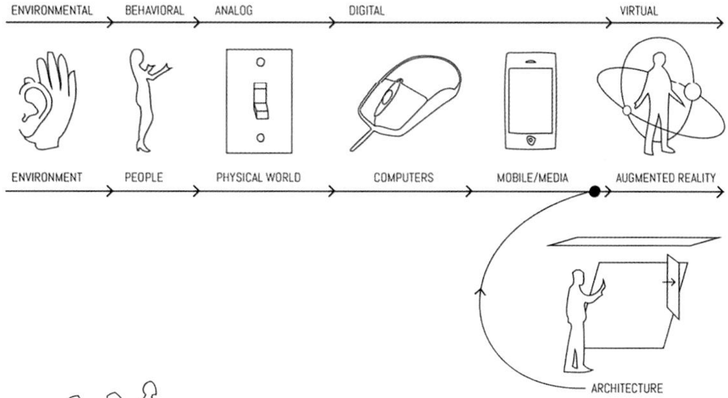

직관적인
제스처 언어의
원류를 보여주는
다이어그램

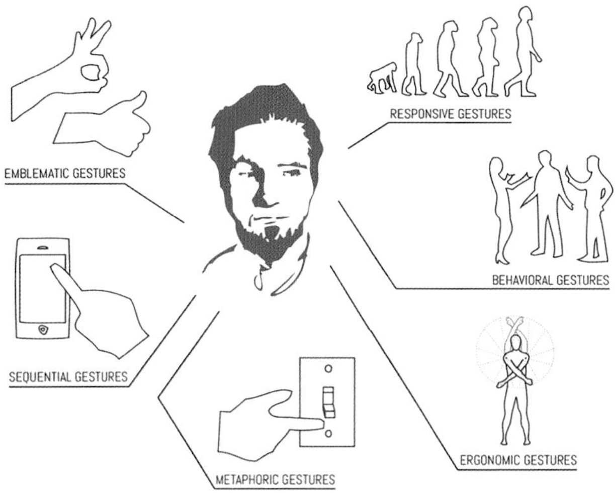

제스처 언어의
진화를 보여주는
다이어그램

적합하다고 결론을 내렸다. 미래에는 건축에 주변 환경과의 상호작용을 위한 장치를 일체화하는 것이 일반화될 것이라고 예상하며 실제적인 물리적 상호작용을 위해 제스처 언어가 가장 제어의 강력한 수단이 될 것이라고 믿어 의심치 않는다.

외부변형적 건축 *ALLOPLASTIC ARCHITECTURE*

Behnaz Farahi Bouzanjani

건축가 그렉 린에 따르면, "건축은 그 자체의 정의에 따라 정적인 사물에 대한 연구이며 표현이다. 그러나 도시의 건축은 움직임을 포용하여야 한다."[6] 왜냐하면 "순수하고 정적인 시대를 초월한 형태와 구조의 전통적인 건축 모델은 더 이상 적합하지 않기 때문이다"라고 주장한다. 그렇다면 우리는 어떻게 사용자의 신체 제스처, 표정, 행동을 연구하여 사용자를 이해하여 그에 따라 대응할 수 있는 건물을 생각해 볼 수 있을까? 또 우리는 어떻게 미리 프로그램 된 동작이 아닌 실시간으로 사용자의 반응에 대응하는 상호적인 공간을 만들 수 있을 것인가? 다시 말하면, 우리는 사용자에게 대응하고 동시에 배우는 진정한 상호작용적인 공간, 그 형태와 물리적인 구성을 어떻게 상상할 수 있을까? 그리고 이런 공간이 실현되었을 때 우리가 살고 있는 환경은 어떻게 바뀔 것이며, 우리의 삶은 또 어떤 영향을 받을 것인가? 이 사례연구는 세 가지의 인스톨레이션 프로젝트로 구성되어 외부변형적 건축 (USC), *살아있는 숨쉬는 벽* (USC), *숨쉬는 벽* (L.A. 다운타운)을 통해 이 물음에 답하려고 한다. 이 프로젝트에서 새롭게 떠오르는 기술들, 마이크로소프트사의 키넥트, 리프모션센서 등을 이용해 앞으로 이 연구영역에서 미래에 나타날 새로운 상호작용의 시나리오나 테크닉들을 이해하려고 한다.

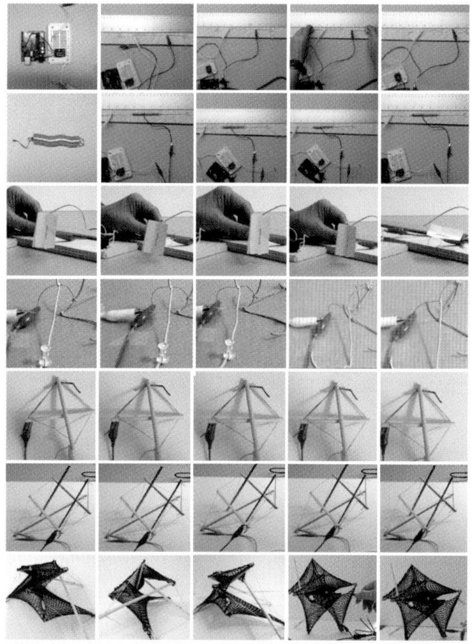

형상 기억 합금과 상이한 재료를 결합하여 텐서그리티 한도를 조종하고 있다.

제스처 제어에 관한 이 세 가지 프로젝트는 인간의 감정에 반응하는 능력을 통해 사용자와 감정을 공감할 수 있는 환경이 가진 심리적 장점을 실험하려는 의도에서 출발한다. 이를 통해 (인터랙티브) 환경은 사용자를 당황하지 않도록 하면서 다양한 행위 및 감정을 수용할 수accommodate 있다. 생몰학적으로 적응하는 시스템을 만들기 위해, 실제 자연의 살아있는 생물들이 어떻게 다른 외부 및 내부 자극에 적응하는지를 살펴보는 것은 구조적인 구성 및 적응의 과정이라는 면에서 큰 영감을 줄 수 있다. 이슈는 단순히 변화할 수 있는 시스템을 만드는 것이 아니라, 변화의 질을 설정하고 적응의 자극을 어떻게 정의하는지가 중요하다. 자연과 건축의 개념 자체가 단순히 철학적인 측면이 아니라 생물학적인 소재와 인간과의 관계에 대해 질문을 받고 있는 지금, 우리는 인간이 어떻게 환경과 연결되어 있는지에 대해 재고를 하여야 한다. 건축가이면서 이론가인 닐 리치Neil Leach가 정의하듯이, "건축의 역사는 건물과 인간의 관계에 대한 역사라고 이해될 수 있다. 건물의 비례를 인간 육체와 연결하려는 시도—이는 비트루비우스부터 르 꼬르뷔제, 그리고 현대의 건축가에서 나타나는 현상인데—는 이런 역사의 예시이다."[7] 여기에서 소개되는 프로젝트들도 이 전통에 속해있지만, 우리가 건축환경에 어떻게 관련되는지가 아닌, 그 관계가 제어를 위해 어떻게 중요한 지에 대해 탐구를 하고 있다.

외부변형적 건축, 살아있는 숨쉬는 벽, 숨쉬는 벽 프로젝트의 목적은 사용자의 움직임에 의해, 마치 자연의 적응 시스템처럼 물리적으로 변하는 공간을 만드는 것이다. 이론가 산포드 퀸더Sanford Kintwer가 관찰하듯이, 부드러운 시스템은 내부 조절 메커니즘에 의해서 진화하지만 언제나 외부 소스에서 나타난 영향력과 분투forces and efforts와 관계되어 변화된다.[8] 따라서 이들 프로젝트의 가장 중요한 초점은 소재의 행태material behavior, 형태 그리고 제어의 인터랙티브 시스템 사이의 관계이다.

효율적으로 환경과 인간의 육체를 연결시키기 위해서는, 사용자와 주변 환경이 공유하는 행위의 논리를 찾아야 한다. 사용자의 행동에 적응할 수 있게 디자인된 동적 장력조합 구조dynamic tensegrity structure는 이런 탐색의 결과로 나타났다. 이런 접근의 장점은 인체 자체가 압축 능력compressive capacity

외부변형적 건축과 함께 퍼포먼스 예술가가 춤을 추고 있다. 물리적인 접촉 없이 구조는 그녀의 움직임에 반응한다.

에 의해 유지되는 강성부재와 인장능력tensile capacity로 유지되는 근육과 유연한 세포로 구성되어 있는 장력조합의 구조라는 것에서 찾을 수 있다. 만약 사용자의 몸과 환경의 구조가 유사한 특징을 가지는 논리로 구성되어 있다면 다른 하나에 바탕을 둔 행동의 모델링은 더욱 쉽게 만들 수 있을 것이다.

장력조합 구조는 새로운 것이 아니다. 장력조합tensegrity라는 용어는 벅민스터 풀러Buckminster Fuller에 의해서 만들어졌으며, 그 후 많은 예술가, 건축가 그리고 엔지니어들이 이 구조를 이해하고 발전시켜 왔다. 하지만 이 프로젝트는 이 구조의 형태가 바뀌고 적응하게끔 시도한 첫 프로젝트이다. *외부변형적 건축*에서 보우잔자니는 형상기억합금 스프링과 다른 기기를 근육처럼 기능하게 하여 전체적으로 균형을 유지하면서도 구조를 변경realign할 수 있게 디자인하였다. 다른 스프링과 수축 확장하는 요소들이 초기 변화를 보상하기 위해서 그 길이를 조정함으로써 균형을 유지한다.

이 연구 프로젝트에서 탐구된 또 다른 기기는 바로 키넥트 모션 센서로, 이 기기는 물론 신체움직임과 거리 및 깊이를 가늠하는데 쓰였지만, 사용자의 움직임에서 학습해서 그들에게 적응할 수 있는 능력을 만드는데 쓰였다. 기술적으로 말하면, 키넥트는 신체의 움직임과 공간에서의 신체의 직교 좌표를 인지한다. 인지된 디지털 정보를 소프트웨어로 처리하여, 구조의 절점nodes들은 아뒤이노 마이크로콘트롤러로 작동되어 구조가 사용자 쪽으로 가깝게, 혹은 멀어지도록 형태가 바뀌게 된다. 이 프로젝트는 따라서 환경이 사용자에게 영향을 주고, 동시에 사용자는 환경에게 영향을 주는, 사용자와 건축 요소 사이의 상호변환의 가능성을 보여준다.

사용자의 몸의 움직임을 인지하는 것을 넘어, *살아있는 숨쉬는 벽*은 물리적인 환경이 음성인식에 의해 어떻게 바뀔 수 있는 지를 보여준다. 인스톨레이션은 인장 맴브레인 섬유tensile membrane fabric(스팬덱스), 알루미늄 가닥, 그리고 56개의 형상기억합금 스프링으로 된 엑튜에이터와 두뇌(아뒤르노메가 2560과 키넥트)가 설치된 2.4m 높이에 3.7m 높이의 목재 구조이다. 벽은 눈꺼풀 같은 알루미늄 가닥이 가로로 여덟 열, 세로로 여섯 행으로 배치되어 있으며, 이 가닥은 근육 스프링으로 열고 닫힐 수 있다. 각 눈꺼풀이 닫히면, 알루미늄 가닥은 천으로

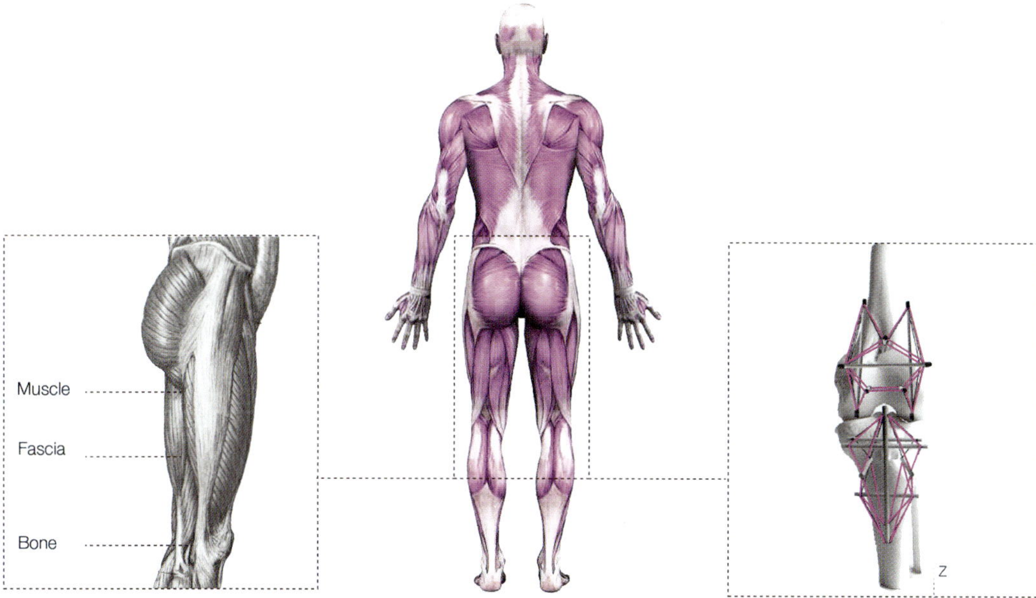

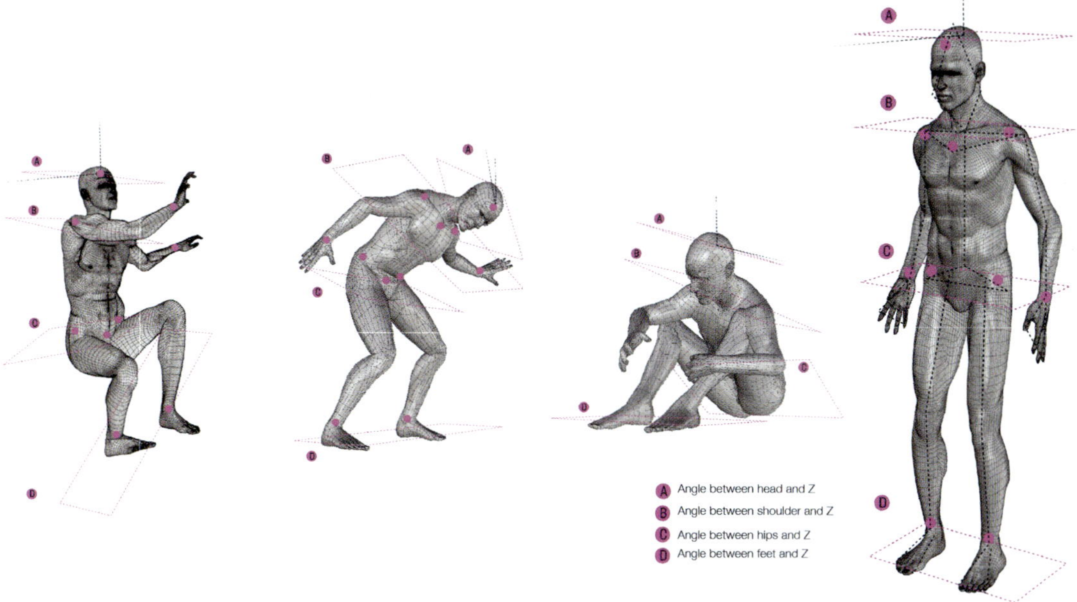

키넥트 센서는 인간의 움직임을 인지하고 동시에 공간 안 인간의 직교좌표 위치 또한 인지한다.

살아있는 숨쉬는 벽과 상호작용

구성된 면을 밖으로 밀어내 면에 다양한 질감texture를 만들어 낸다. 여기에 사용된 사용자 인터페이스user interface는 키넥트Kinect (하드웨어)와 함께 작동하는 음성인식 시스템 (소프트웨어)으로 문장과 단어를 인지하여 다양한 동적인 패턴을 출력하는 방식이다. 미래에 우리가 디스플레이 없이 살 수 있는 환경을 생각하면 음성인식 시스템은 반드시 필요하다. 음성인식은 인간이 가능한 소통방법 중 가장 자연스러운 방식이며 손과 눈을 쓸 필요가 없다. 음성 바탕 UI(사용자 인터페이스)는 물리적인 제스처가 필요 없어 상당히 편리하며, 특히 장애인에게 유용할 수 있다. 우리가 소파에 누워 방에게 말을 걸면 방이 살아나 응답하는 것을 상상해 보라!

이 인스톨레이션의 경우 기쁨, 슬픔, 흥분 같은 감정과 관계된 단어에 반응하도록 만들어졌다. 키넥트에는 4개의 마이크로폰이 달려있어 단어를 쉽게 인지할 수 있다. 인지된 명령어는 아두이노Arduino로 제어되는 보드를 통해 형상기억 합금으로 작동되는 알루미늄 눈꺼풀 요소shape-memory alloy-activated aluminum eyelid-like components로 전달되어 이를 통해 섬유 표면fabric surface에는 다양한 돌출부bump와 옴폭한 모양indentation이 생긴다. 벽 표면상의 각 돌출부는 격자

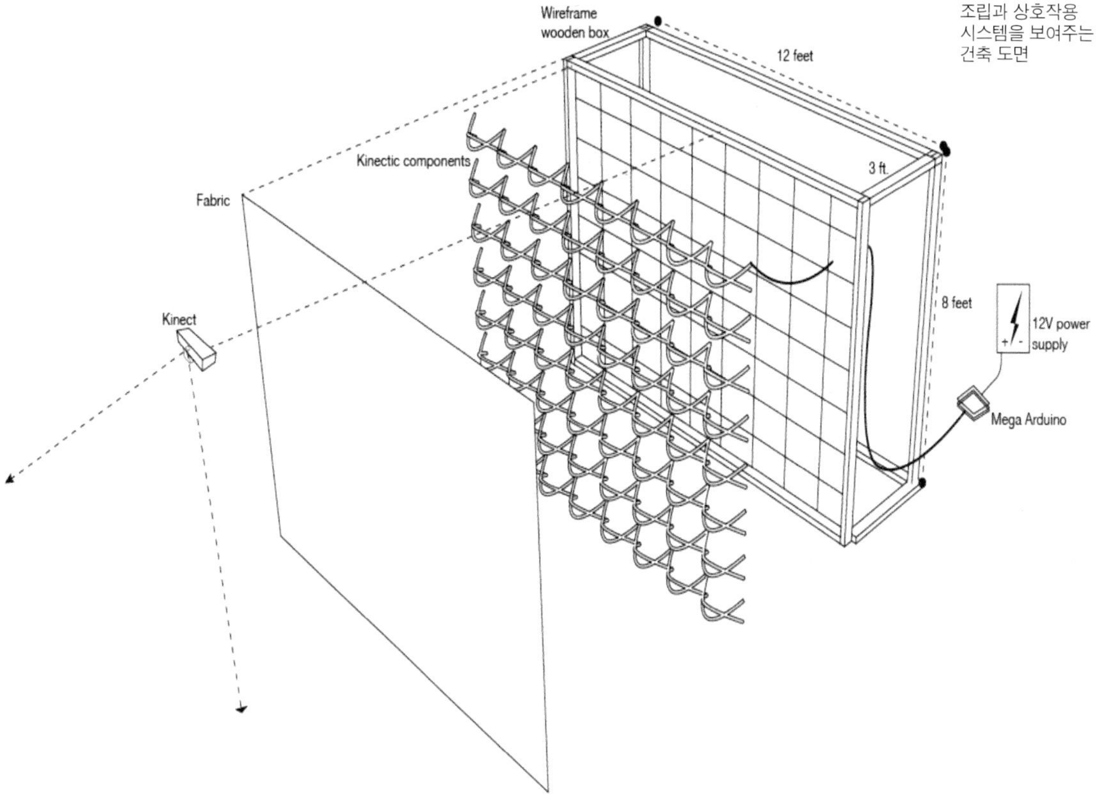

조립과 상호작용 시스템을 보여주는 건축 도면

안의 화소pixel로서 작용할 수 있기 때문에, 벽은 잠재적으로 암시적ambient 정보를 제공하여 사용자와 관련된 내용을 야단스럽지 않게unobtrusive 보여줄 수 있다. 픽셀의 해상도를 높이면 좀 더 상세한 내용 및 정보를 전달할 수 있을 것이다.

모바일 기기들은 이미 터치하여 제스처를 취하는 언어—스와이프swiping, 클릭clicking, 드래그dragging—를 제어의 직관적인 메커니즘으로 사용하고 있다. 그러나 이런 테크닉들이 전체 환경을 제어하기 위해서 사용될 수도 있을까? *숨쉬는 벽*은 이를 염두에 두고 두 가지 목표가 있다. 우선, 리프 모션 센서Leap Motion sensor를 사용

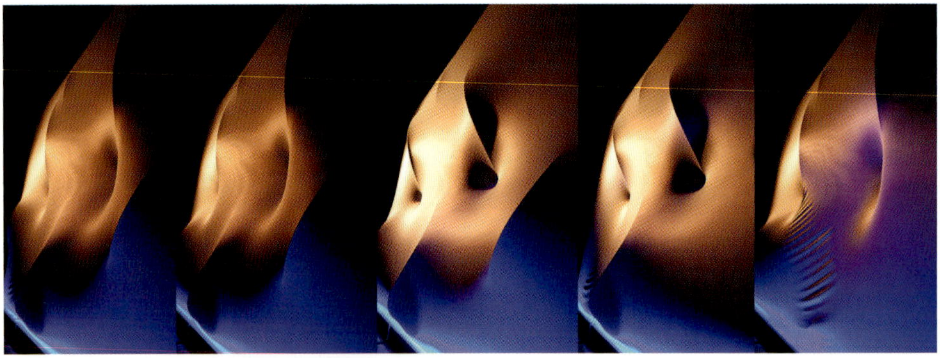

숨쉬는 벽은 원격감지장치를 사용해 참여자에게 더 큰 권한을 부여할 수 있는지를 예시하고 있으며, 동시에 물리적 환경에서 우리 몸의 범위를 확장하는 대안을 보여주고 있다.

해 동적인 건축 공간과 상호작용하는 제스처에 대한 가능성이고 두 번째는 더 중요하게 사용자와 환경 사이에 공감하는 관계empathetic relationship를 만들기 위한 형식과 상호작용 시스템의 관계를 탐구하는 것이다.

*숨쉬는 벽*은 8 X 12 인치(20.3 x 30.5cm) 목재 구조에 장력막tensile membrane, 직류(DC) 모터, 유연성 있는 PVC 파이프가 설치되어 있다. 각각의 파이프는 양쪽 고정된 지점에 2개의 모터에 연결되어 비틀어지거나 변형될 수 있다. 따라서 사용자의 다양한 명령에 의해서 다양한 면의 변형surface formation이 가능하다. 원격 제어의 가장 초기적인 형식은 텔레비전이나 에어컨 시스템을 위한 리모컨이 있다. 하지만 원격제어의 가능성은 시중에서 구할 수 있는 원격 감지 기기의 등장으로 인해서 크게 확장되고 있는데, 예를 들어 키넥트Kinect의 경우 제스처 제어 및 음성 제어가 가능하다. 또 다른 제품으로–이 역시 유사한 기술을 적용하고 있는데–리프 모션 센서Leap Motion sensor가 있다. 이 제품은 모션 센서로서의 범위는 상당히 제한적이지만 감지 거리 내에서는 훨씬 더 섬세하다. 리프 모션은 손이나 손가락의 움직임을 정확히 인지한다. 150도 정도의

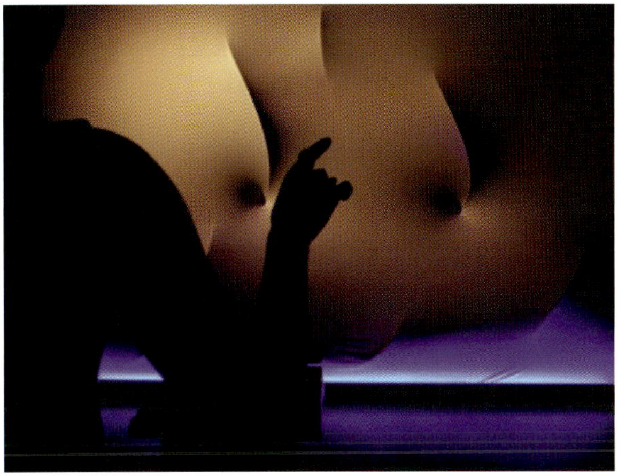

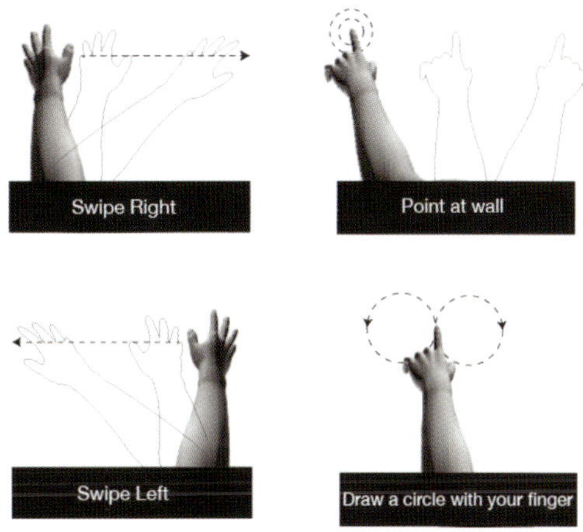

감지각 및 Z-축 또한 인지해 심도depth 측정이 가능하다. 센서는 사용자가 손을 삼차원으로 움직이면 감지하며, 스와이핑, 원그리기 또는 공간 안에서 어느 점을 클릭하는 것을 인지할 수 있으며, 이는 다시 벽의 표면을 활성화activate시킨다. 미래에는 이런 중재적intermediary 메커니즘 없이도 직접적인 인터페이스를 통해 환경과 상호작용 할 수 있는 시대가 올 것이다. 이런 직접적 인터페이스는 물리적인 환경의 제어를 훨씬 쉽고 친밀하게intimate 만들 것이다.

이 인스톨레이션들은 세 가지의 인터랙티브 프로토타입을 예시함으로써 우리 삶의 공간의 미래를 보여주고 있다. 또한 이 작업들은 학제간의 다양한 시도를 하고 있는데, 환경이 형태를 변화하기 위한 기술적인 이해에서부터 인간이 이런 변화에 어떻게 심리적으로 신경학적으로 반응하고 또 다시 환경의 재구성 및 리모델링의 능동적인 주체가 되는지의 이해를 포함한다. 21세기가 진행될수록, 우리는 일상에서 점점 많은 새로운 기술을 경험하고 있다. 어떤 이들은 이를 두려워하고 삶의 어두운 이면이라고 생각할 수도 있을 것이다. 보우잔자니의 프로젝트들은 인터랙티브 건축이 인간과 감정적으로 교류하여 공감관계를 형성할 수 있음을 예시로 보여주고 있다. 이런 관계를 통해 인간은 소외의 감성을 넘어 환경의 일부가 되고, 환경이 자신의 일부가 됨을 경험할 수 있을 것이다.

감사의 글

이 책을 쓰기 위에 몇 년 동안 준비를 하였으며, 어떤 의미에서는 이런 건축 분야가 나타나기를 기다리고 있었는지도 모른다. 이 책은 훌륭한 건축가들과 디자이너들의 뛰어난 작업이 없이는 완성될 수 없었으며, 동시에 놀라운 작업을 관대하게 개재할 수 있게 해주어 감사 드린다. 프린스턴 건축분야 출판사 Princeton Architectural Press에 감사를 드리며 특히 제니퍼 리퍼트Jennifer Lippert의 도움과 바바라 다코Barbara Darko 씨의 편집 기술과 끊임없는 자극에 감사 드린다. 또한 원고를 퇴고해준 케니 온Kenny On, 아드리아나 푸엔테스Adriana Fuentes와 지쳉 센Jicheng Shen을 포함한 많은 분들께도 고맙다. 아내인 쥬인토우 린Jointow Lin에게도 감사하고, 어린 쥬네유Juneau, 오리Ori 그리고 이오Io는 자신들의 이름을 책에서 발견해 놀랄 것이다. 또한 나의 모든 가족에게도 감사하다. 빌 포터Bill Porter에게도 MIT에서 나에게 큰 영감을 주었음에 감사를 드린다. 이 책의 형태를 부여하고 완성을 도운 수많은 흥미로운 담론에도 감사를 드린다.

이 책이 독자들에게 새로운 방식의 탐험을 위한 영감을 드리기를 바라며…

주석

소개의 글

1. 바틀렛 건축 대학의 인터랙티브 건축 랩의 더 많은 연구를 참고하려면, www.interativearchitecture.org를 참고할 것.
2. 낸시 로만 스타웁 경계넘기breaking boundaries: 1980년대 미국 퍼핏 (atlanta, Ga: center for Puppetry arts, 1992), 20.
3 로드니 브룩스, "자연스런 로봇: 보디 빌더들", 1999. Scientific American Frontiers, season 10, episode 2, directed by Graham chedd and andrew Liebman (1999; alexandria, va: PBS).
4. 해롤드 B. 시겔, 피노키오의 자손들: 모던과 아방가르드 드라마의 퍼핏, 마리오넷, 오토마톤 그리고 로봇, 1995(Baltimore: Johns hopkins university Press, 1995), 2.

서문

1. 닐 리치 편, 도시 건축 97, 2012 (September 2012): 8.
2. 베나즈 파라히 보우잔자니, "외부변형적 건축: 인터랙티브한 장력조합 구조 디자인", 2013 (presentation, ACADLA conference, university of Waterloo, cambridge, Ontario, October 24-27, 2013).
3. 고든 파스트, "사이버네틱의 건축관련성", 1969 (September 1969): 494-96.
4. 존 프레이저, 진화건축 7, 1995 (London: architectural association Publications, 1995).
5. 아담 그린필드, 모든 곳에: 유비쿼터스 컴퓨팅의 시작, 2006 (Berkeley, ca: new riders, 2006).
6. 내쇼날 케이블 & 텔레커뮤니케이션 협회, "수치로 본 브로드밴드", 2015. NCTA, accessed March 29, 2015.
7. 스탠 쉬네이더, "IoT 배면의 프로토콜 이해하기", 2013. http://electronicdesign.com/embedded/understanding-protocols-behindinternet-things.
8. 같은 책 Ibid.
9. 매트 호난, "연결된 집의 꿈은 악몽이 될 수도 있다.", 2014. http://www.wired.com/2014/08/connected-home/.
10. 제니퍼 쉬타인, 스콧 S. 피셔와 그렉 오토, "인터랙티브 건축: 구축환경을 IoT로 연결하고 활성화하기", 2010 (workshop, Internet of things conference 2010, tokyo, Japan, november 29-December 1, 2010).

11. 같은 책 Ibid
12. 히로시 이시와 브릭 울머, "만질 수 있는 비트: 사람, 비트 그리고 원자 사이의 끊김없는 인터페이스", 1997
13. 에바 호르네커, "만질 수 있는 인터랙션", 2013. http://www.interaction-design.org/encyclopedia/tangible_interaction.html.
14. 이언 달리, "데이터 사이클: MIT의 Senseable 도시 랩", 2011. http://www.wired.co.uk/magazine/archive/2011/04/features/data-cycle/page/3.
15. 보우잔자니, "외부변형적 건축"

생기 있게 하다

1. 윌리엄 죽과 로저 H. 클라크, 키네틱 건축, 1970 (New York: Van Nostrand Reinhold, 1970), 9.
2. 코스타스 테르지디스, 표현적 형태: 컴퓨터 디자인의 개념적 접근, 2003 (London: Spon Press, 2003), 33.
3. 같은 책 Ibid., 45.
4. 쳉-안 판과 데이쉥 젱, "반응 건축을 위한 감지를 바탕으로 한 키네틱 디자인", 2008. Beyond Computer-Aided Design: Proceedings of the 13th International Conference on Computer-Aided Architectural Design Research in Asia (CAADRIA) (Chiang Mai, Thailand: Association for computer-aided Architectural Design research in asia, 2008), 285-92.

소통하다

1. 니코스 A. 살링가로스, "건축과 어바니즘의 생물학적 이해를 위하여: 스티븐 핑커의 교훈", 2004. http://www.katarxis3.com/Salingaros-Biological_understanding.htm.
2. 스티븐 핑커, "인간본성의 생물학적 이해: 스티븐 핑커와의 대화", 2003. Edge.org, September 8, 2002, https://edge.org/conversation/a-biologicalunderstanding-of-human-nature. Printed in John Brockman, ed., The New Humanists (new York: Barnes & Noble Books, 2003), 33-51.
3. 필립 E. 로스 "허만사가 헤드폰없이 소음을 제거하다", 2014. http://spectrum.ieee.org/cars-that-think/transportation/systems/harmancancels-road-noise.
4. 라비 메타, 루이 주와 아마르 치마, "소음은 반드시 나쁜 것인가? 창의적인 인지를 위한 주변소음의 영향". 2012. Journal of Consumer Research 39, no. 4 (December 2012): 784-99, doi: 10.1086/665048.
5. Processing is available for download at https://www.processing.org/.

진화하다

1. 존 프레이저, 진화적 건축, 테마 7, 1995 (London: Architectural Association Publications, 1995), 11.
2. 프레이저, 진화적 건축. 13.
3. 리차드 베르야드, "신생 건축", 2011. Richard Veryard on Architecture (blog), March 17, 2011,http://rvsoapbox.blogspot.com/2011/03/emergent-architecture.html.
4. 요세프 바-코헨, 바이오메틱스: 생물학에서 영감을 받은 테크놀러지, 2005 (Boca raton, FL: crc Press, 2005), 3.
5. 요세프 바-코헨과 신시아 L. 브리질 편, 생물학에서 영감을 받은 지적 로봇들, 2003 (Bellingham, Wa: SPIe Publications, 2003), xiii.
6. 아님 폰 글레이흐 편, 바이오미메틱스의 가능성과 경향, 2010 (Berlin: Springer, 2010), 19-22.
7. 토니 코트닉과 마이클 웨인스탁, "재료, 형태 그리고 힘", 2012. Architectural Design 82, no. 2 (March/ april 2012): 104-11.
8. 같은 책 Ibid.
9. 블레인 브라운웰, 변형재료: 우리의 물리적 환경을 재정의 하는 재료들, 2005 (New York: Princeton Architectural Press, 2005), 10.
10. 미셸 에딩톤과 다니엘 쇼덱, 건축 및 디자인 전문가를 위한 건축의 스마트한 재료와 기술, 2005 (Oxford: architectural Press, 2005), 83-95.

촉진시키다

1. 노버트 위너, 사이버네틱: 혹은 동물과 기계의 조종 및 커뮤니케이션, 1948 (cambridge, Ma: MIt Press, 1948).
2. 신, 퀸터, "소프트 시스템", 1993 (New York: Princeton Architectural Press, 1993), 207-28.
3. 마틴 하이데거의 "기술에 관한 질문"을 참고하시오. Basic Writings, ed. David Farrell Krell (New York: harper collins, 1993), 311-41.
4. 베나즈 파라히 보우잔자니, "외부변형적 건축: 인터랙티브한 장력조합 구조 디자인", 2013. ACADIA 2013 Adaptive Architecture: Proceedings of the 33rd Annual Conference of the Association for Computer Aided Design in Architecture, ed. Philip Beesley, Omar Khan, and Michael Stacey (cambridge, On: riverside architectural Press, 2013): 129-36.
5. 존 프레이저, 진화적 건축, 테마 7, 1995 (London: Architectural Association Publications, 1995), 7.
6. 그렉 린, "운동의 선진 형태", 1997. Architectural Design 67 (May/June 1997), 54-59.
7. 닐 리치, "적응", 2013. Unconventional Computing: Design Methods for Adaptive Architecture, ed. Rachel Armstrong and Simone Ferracina (cambridge, Ontario: Riverside architectural Press, 2013), 130-31.
8. 퀸터, "소프트 시스템" 218.

PROJECT CREDITS

EXHILARATE

MAY/SEPTEMBER
Year: 2014
Location: Indianapolis, Indiana, USA
Client/Institution/Sponsor: Eskenazi Hospital of Marion County
Designer: Rob Ley / Urbana
Design Team: Loren Frances Adams, Maxwell Miller
Fabrication: Indianapolis Fabrications
Structural Engineering: Nous Engineering, Fink Roberts & Petrie
Photography Credits: Alan Tansey

TECHNORAMA FACADE
Year: 2002
Location: Winterthur, Switzerland
Client/Institution/Sponsor: Technorama, the Swiss Science Center
Designer: Ned Kahn
Architects: Durig and Rami
Fabrication: Ned Kahn Studios
Photography Credits: Ned Kahn

WINDSWEPT
Year: 2011
Location: San Francisco, California, USA
Client/Institution/Sponsor: Commissioned by the San Francisco Arts Commission for a permanent installation at the Randall Museum
Designer: Charles Sowers Studios
Fabrication: Spacesonic Precision Sheet Metal, QC Facades
Structural Engineering: Hom-Pisano Engineering
Installation: Rocket Science
Photography Credits: Bruce Diamonte, San Francisco Arts Commission

REEF
Year: 2009
Location: New York, New York, USA
Client/Institution/Sponsor: Storefront for Art and Architecture; Supported by the AIA Upjohn Research Initiative, the Graham Foundation for Advanced Studies in the Fine Arts, the AIA Knowledge Grant, and Interior Design Educators Council Special Projects Grant; Additional support and assistance provided by Dynalloy
Designers: Rob Ley / Rob Ley Studio, Joshua G. Stein / Radical Craft
Interaction Concept and Development: Active Matter
Design Team: Timothy Francis, Jonathan Wimmel, Elana Pappoff
Fabrication: Pylon Technical (motion control software and custom electronics); Peter Welch, Daniela Morales, Travis Schlink, Joshua Mun, Darius Woo, Lisa Hollywood, Rafael Rocha, Yohannes Baynes, Phillip Ramirez
Photography Credits: Alan Tansey

COMMUNICATE

LIGHTSWARM
Year: 2014
Location: San Francisco, California, USA
Client/Institution/Sponsor: Commissioned by Yerba Buena Center for the Arts
Designers: Jason Kelly Johnson, Nataly Gattegno, Ripon DeLeon
Design Team: Fernando Amenedo, Jeff Maeshiro, Ji Ahn, Katarina Richter, Nainoa Cravalho
Fabrication: MACHINIC Digital Fabrication & Consulting
Photography Credits: Peter Prato

PLINTHOS
Year: 2014
Location: Athens, Greece
Client/Institution/Sponsor: Commissioned by the ID10 Interior Design Show
Designers: Franky Antimisiaris and Branko M. Berlic / MAB Architecture, Stavros Didakis
Photography Credits: Christos Drazos

BALLS!
Year: 2014
Location: London, England, UK
Client/Institution/Sponsor: Arup
Design Team: Alma-nac and Ruairi Glynn, Tim Hunt, Francesco Anselmo
Structural Engineering: Interactive Architecture Lab, Bartlett Faculty of the Built Environment, University College London
Software Programming: Felix Faire, Francesco Anselmo
Project Manager: Craig Irvine
Photography Credits: Annabel Staff, Tucker Productions (film stills)

MEGAFACES
Year: 2014
Location: Sochi, Russia
Client/Institution/Sponsor: MegaFon
Designer: Asif Khan Ltd.
Interactive Engineering: iart
Agency and Project Management: Axis
Structural Engineering: AKT II
Local Architect: Progress
Photography Credits: Asif Khan Ltd.

MEDIATE

AL BAHAR TOWERS
Year: 2008
Location: Abu Dhabi, UAE
Client/Institution/Sponsor: Abu Dhabi Investment Council
Designer: Abdulmajid Karanouh, Aedas Architects, Head of Ramboll Innovation Design
Design Team: Pablo Miranda, Diar Consult
Structural Engineering: Arup
Photography Credits:

KFW WESTARKADE TOWER
Year: 2010
Location: Frankfurt, Germany
Client/Institution/Sponsor: KfW Bankengruppe
Designers: Matthias Sauerbruch, Louisa Hutton, Juan Lucas Young / Sauerbruch Hutton
Project Leader: Tom Geister
Design Team: Jürgen Bartenschlag, Peter Rieder, Marc Broquetas Maduell, Christine Neuhoff, Barbara Sellwig, Cynthia Grieshofer, Axel Linde, Andrea Frensch, Lina Lahiri
Site Supervisors: Anton Bähr, Angelika Fehn-Krestas, Claudius Gelleri, Tanja Kausch-Löchelt, Timm Knief, Daniela McCarthy, Mathias Mund, Christiane Schmidt, Marcus von der Oelsnitz
Electrical Engineering: Reuter Rührgartner GmbH
Structural Engineering: Werner Sobek Frankfurt GmbH & Co. KG
Photography Credits: Jan Bitter, Nosh

ECO-29
Year: 2013
Location: Hadera, Israel
Client/Institution/Sponsor: Yosi Yahalom and Alon Talom

Interaction Concept and Design: FoxLin Architects, Brahma Architects
Project Architect: Eran Shemish / Brahma Architects
Electronics: Soundnine, Darius Miller
Photography Credits: Eran Shemish

SMART HIGHWAY
Year: 2012–present
Location: Province Brabant, City of Eindhoven, City of Oss, and BKKC, Netherlands
Client/Institution/Sponsor: Joint venture with Studio Roosegaarde and Heijmans Infrastructure; support provided by Province Brabant, City of Eindhoven, City of Oss, and BKKC
Designer: Studio Roosegaarde
Engineer: Heijmans Infrastructure
Photography Credits: Daan Roosegaarde

EVOLVE

HYGROSCOPE + HYGROSKIN
Year: 2012; 2013
Location: Paris, France
Client/Institution/Sponsor: Commissioned by the Centre Georges Pompidou, Paris, for its permanent collection (first shown in the exhibition Multiversités Créatives in 2012); Commissioned by the FRAC Centre Orléans (first shown as part of ArchiLab's Naturalizing Architecture exhibition in 2013)
Designers: Achim Menges, Oliver David Krieg, Steffen Reichert
Photography Credits: ICD University of Stuttgart

BLOOM
Year: 2011
Location: Los Angeles, California, USA
Client/Institution/Sponsor: Materials & Application Gallery, AIA Upjohn Research Initiative, Arnold W. Brunner Award, Graham Foundation Grant, University of Southern California (USC) Advancing Scholarship in the Humanities and Social Sciences Program, USC Undergraduate Research Associates Program, Woodbury Faculty Development Grant; in-kind donations from Engineered Materials Solutions
Architect: Doris Kim Sung / DOSU Studio Architecture
Consultants: Ingalill Wahlroos-Ritter (design), Matthew Melnyk (structural engineering)
Design Team: Dylan Wood (project coordinator), Kristi Butterworth, Ali Chen, Renata Ganis, Derek Greene, Julia Michalski, Sayo Morinaga, Evan Shieh
Photography Credits: Brandon Shigeta, Derek Greene, Doris Sung, Gerard Smulevich

SHAPESHIFT
Year: 2010
Location: Zurich, Switzerland
Client/Institution/Sponsor: Starkart gallery; Chair for Computer-Aided Architectural Design, Institute of Technology in Architecture, ETH Zurich
Designer: Manuel Kretzer
Design Team: Edyta Augustynowicz, Sofia Georgakopoulou, Dino Rossi, Stefanie Sixt
Image Credits: Edyta Augustynowicz
Photography Credits: Manuel Kretzer

CATALYZE

EPIPHYTE CHAMBER
Year: 2013
Location: Seoul, South Korea
Client/Institution/Sponsor: Museum of Modern and Contemporary Art, Seoul
Designer: Philip Beesley
Design Team: Martin Correa, Jonathan Gotfryd, Andrea Ling, PBAI Studio, Sue Balint, Matthew Chan, Vikrant Dasoar, Faisal Kubba, Salvador Mirand, Connor O'Grady, Anne Paxton, Eva Pianezzola, Sheida Shahi, May Wu, Mingyi Zhou
Fabrication: Parantap Bhatt, Jessica Carroll, Gelene Celis, Rayana Hossain, Nada Kawar, Yonghan Kim, Pedro Lima, Parham Rahimi Kearon, Roy Taylor, Cheon Hari, Hanjun JoBoram Kim, Yonghan Kim, Taehyung (Richard) Kim, Hyeon Min Lee, Gyoung Hun Park, Sudam Park, Nuri Shin
Photography Credits: Philip Beesley

CONVENTIONS OF CONTROL
Year: 2012–2013
Location: Los Angeles, California, USA, and Tianjin, China
Client/Institution/Sponsor: California State Polytechnic University, Pomona (CPP) and Tianjin University; support provided by the Program of Introducing Talents of Discipline to Universities (Grant number: B13011)
Designers: CPP students: Allyn Polancic, Rigo Gonzales, Sho Ikuda, Sizheng Chen, Craig Aguilar, Cyrus Azari, Eric Mercado, Kuniko Nickel, Jeffery Vanvoorhis, Jeff Kerns, Junsin Miramontes, Michelle Labininay
Photography Credits: Michael Fox

ALLOPLASTIC ARCHITECTURE
Year: 2012–2014
Location: Los Angeles, California, USA
Client/Institution/Sponsor: Mobile and Environmental Media Lab (MEML), University of Southern California (USC)
Designer: Behnaz Farahi Bouzanjani
Performance Artist: Nicole Ives
Photography Credits: Behnaz Farahi Bouzanjani

역자후기

We all have our time machines. Some take us back, they're called memories. Some take us forward, they're called dreams. -Jeremy Irons, actor (b. 19 Sep 1948)
"우리 모두에게는 자신만의 타임머신이 있다. 그 중 과거로 데려가는 녀석을 '기억'이라고 하고, 미래로 이끄는 녀석을 '꿈'이라고 한다." —제레미 아이언스, 배우, 1948년생

역자가 『인터랙티브 건축 1』을 번역한지가 벌써 5년이 지났다. 이 책 서문에서 루아리니 글린이 얘기하듯이, 이 분야의 최초의 책이 출간된 후 5년이 흐른 지금, 이제는 실험적인 프로젝트들이 일상화되기 바로 전 단계에 와 있는 느낌이 든다.

아직도 이 책에서 소개되는 프로젝트들은 조금은 낯설고, 흥미롭고 신기하기까지 하다. 그러나 사용되는 기술들, 예를 들어 아뒤이노라든지 키넥트 등은 이제 조금만 관심있는 이들에게는 더 이상 먼 세계의 일이 아니다. 이미 우리나라의 관심 있는 초등학생들도 아뒤이노를 이용한 과제 등을 작업하고 있고, 역자가 근무하고 있는 건축대학에서도 이미 졸업프로젝트로 초보적인 동적인 건축에 대한 아이디어를 졸업전 프로젝트로 발표한 예들도 있다. 5년 사이에 스마트폰은 일상의 일부가 되어서, 우리는 더 이상 터치, 지문인식 등을 신기해 하지 않는다. IoT 또한 보급단계에 들어서서 텔레콤 회사들은 이를 서비스하기 시작하였다. 말그대로, "시작의 끝"end of beginning이 보이기 시작하였다.

시작의 끝에서 우리는 어떤 일들이 곧 생겨날 지 어느 정도 예견이 가능하다. 홈 오토메이션을 통해 우리는 밖에서 창문을 닫거나 열고, 가스밸브를 확인하고, CCTV 기능으로 집이 안전한 지를 살필 수 있고, 조명을 끄고 킬 수 있을 것이다. 조금 더 나아가 컴퓨터 비서에게 갖은 질문—오늘의 날씨가 어떤지, 내일 열리는 스포츠는 무엇인지, 내년 여름 휴가는 어디로 갈지 등—을 물어볼 수 있을 것이며, 냉장고는 우리의 식생활의 패턴을 읽어 무엇이 필요한지를 알려도 줄 것이다. 물론 이 만큼으로도 우리의 삶을 편해질 측면이 있을 것이다. 하지만 동시에 아직도 '근원'이 흔들릴 만한 일은 아닐 것이다.

5년이 흐른 지금 이 책에서는 위에서 예측한, 또한 벌어지고 있는 상황 그 이후에 어떤 인터랙티브한 환경을 생각해 볼 수 있는지 그 가능성들을 타진하고 있다. 다섯 개의 주제—생기 있게 하다exhilarate, 소통하다communicate, 중재하다mediate, 진화하다evolve, 촉진시키다catalyze—로 나뉘어져 프로젝트를 구분하고 있지만, 그 기저를 흐리고 있는 질문은 '분위기'이다. 소개된 프로젝트들은 더 이상 "자신을 드러내 무엇인가 일을 하고 있다"는, 우리가 일반적으로 기계에게 바라는 모습이 아닌, 사용자와 일체화된 환경에 대해 예상하고 있다. 하나 하나의 프로젝트의 '작동방식'보다 독자들에게 더 큰 울림을 일으킬 부분은 아마도 이 부분이 아닐까 생각한다. 이는 마치 60년대에 아키그램Archigram이 기계 발전의 궁극을 생각하면서 상상한 미래는 더 이상 기계가 인간의 말을 듣지 않고 독립적인 주체로서 상호작용하는 상황을 생각했던 시나리오가 생각난다.

여기서 소개된 프로젝트들의 '분위기'들이 모이고, 가능성들을 실체화시켜 '새로운 합'을 만들었을 때 어떤 세상이 펼쳐질지 궁금하다. 독자들도 같은 꿈을 꿔 보시기를 바라며, 몇몇 분들은 그 최전선에서 새로운 미래를 만들어 주시기를 기대한다.